前　言

全过程低能耗设计，有助于提高校园规划及能源使用效率，符合节约型校园的客观需求，是未来校园发展的主要方向。在我国高校大型化、综合化发展的今天，校园建筑群也暴露出效率低、能耗高的问题，影响着现代校园的生活和空间品质，亟须进行细致深入研究。本书期望提出以功能快捷、能耗优化为目标的校园综合体模块化设计方法体系和应用案例，为高校校园规划提供多样化的视角和思路。

本书以寒冷地区高校校园规划为研究对象，利用敏感性因素分析、能源空间置换等方法，对校园综合体外在形态和内部负荷的能耗特性进行分析，通过不同情景的聚类组合及能耗模拟，发现综合体的形态变化与校园规划的低能耗特性存在很大的联系。进而结合传统校园建筑与能源设计的耦合因素和常用标准参数，将综合体设计的低能耗信息转换为层级因素及分级数据库，提出设计前期阶段低能耗约束的设计框架。针对校园规划现状进行综合体建筑调研和能源分析，提取建筑与能源发展的模块化设计规律，建立了基于模块化的寒冷地区校园综合体建筑设计方法体系。采用解构和重构的方法，对校园综合体能源利用进行建筑群负荷分项模拟，提出综合体的形态初步控制、配套环境耦合和建筑混合配比三项约束指标，确定了外在形态、内部负荷对综合体能耗的影响机制，建立了多因素约束下的校园规划低能耗设计路径。最后，通过定性与定量相结合的方式，探索寒冷地区校园建筑与环境协同的详细设计方法与策略，力求实现能耗设计与建筑规划多目标的全程化规划设计。

通过深入研究，本书为寒冷地区"高容、低密、低能耗"的新校园规划设计提供了便捷、可行的量化设计依据和设计新思路，为实现节约型校园设计打下良好的前期基础。

项目资助：河北省高等学校科学技术研究项目（ZD2020162）

大型校园规划
低能耗设计策略与应用

高力强　著

中国建筑工业出版社

图书在版编目（CIP）数据

大型校园规划低能耗设计策略与应用 / 高力强著
. — 北京：中国建筑工业出版社，2023.5
ISBN 978-7-112-28722-2

Ⅰ.①大… Ⅱ.①高… Ⅲ.①高等学校—校园规划—
节能设计—研究 Ⅳ.① TU244.3

中国国家版本馆 CIP 数据核字（2023）第 083685 号

责任编辑：张智芊
责任校对：张辰双

大型校园规划低能耗设计策略与应用

高力强　著
*
中国建筑工业出版社出版、发行（北京海淀三里河路 9 号）
各地新华书店、建筑书店经销
北京雅盈中佳图文设计公司制版
建工社（河北）印刷有限公司印刷
*
开本：787 毫米 ×1092 毫米　1/16　印张：15$\frac{1}{2}$　字数：265 千字
2023 年 6 月第一版　2023 年 6 月第一次印刷
定价：68.00 元
ISBN 978-7-112-28722-2
　（40606）

目 录

第3章 校园综合体的低能耗设计影响因素敏感性分析

第4章 构建校园综合体的低能耗模块化设计方法

第5章　基于校园综合体外在形态的低能耗模块化设计

第6章　基于校园综合体内部负荷的低能耗模块化设计

第7章 寒冷地区校园综合体低能耗模块化解决方法及设计应用

第8章 结论及展望

参考文献

第1章

绪论

研究背景及意义
研究内容、思路
国内外研究现状
大型校园规划介绍：南开大学津南校区

1.1 研究背景及意义

吴志强院士提出"绿色校园是绿色社区的缩影",是一个微型的城市群体。现代校园集多功能于一体,形成了独立于社会的一个生活圈。随着人数规模从几千人发展到近 10 万人,现代高校正成为带动一方经济乃至一个城市快速发展的动力引擎。

1.1.1 研究背景

本书题目来源于国家"十二五"科技支撑项目"城镇低碳环保技术集成与综合信息平台构建及示范"(2015BAJ01B00)。

随着全球生态环境恶化与气候变暖,能源问题已经成为制约社会快速发展的瓶颈,其中常规能源的大量使用是造成城镇生态恶化的主要因素。特别是近百年来,能源作为全球工业发展的源动力,到 1998 年,全球常规能源消耗已超过 121 亿 tce,建筑节能工作急需开展。从 2000 年到 2010 年,寒冷地区建筑采暖面积从 33 亿 m^2 急增到 102 亿 m^2,增幅超过三倍。而从能耗总量来看,其采暖能耗从 0.8 亿 tce 增长到 1.7 亿 tce,增幅达两倍多,相对来说是增速下降的趋势,体现出城镇建筑采暖的节能工作有很大成效。

本书在寒冷地区高校校园能耗需求的基础上,以"模块化设计"为规划理念,针对高校校园确定了"大型校园规划低能耗设计策略与应用研究"这一主题。拟对寒冷地区校园综合体和能源利用进行科学研究,主要是校园发展现状、耦合因素层级关系、建筑低能耗设计方法以及多因素约束的设计路径等方面的研究。从模块化设计的角度,提出寒冷地区校园综合体的低能耗建筑设计方法并结合案例应用,完善和补充现有校园建筑的能源利用设计体系,为寒冷地区高校校园规划提供低能耗的建筑设计方法及技术支持。

1.1.2 研究意义

自改革开放以来,全国经济建设得到快速发展,但也使得现代城镇建设面临巨大的环境污染。同时,当前能源作为产业发展的必要条件,能源需求和节能减排指标的迅速提高,给当下城镇规划与能源利用带来了双重压力。

1992 年,在巴西里约热内卢召开的联合国环境与发展大会,通过了应对气候变化和控制温室气体排放的《联合国气候变化框架公约》(1994 年生效)。

1997 年,《京都议定书》使温室气体减排成为发达国家的重点工作。2003 年,英国能源白皮书《我们能源的未来:创建低碳经济》,首次提出如何实现低碳排放。随着全球多数国家工业化进程加快,未来能源消耗增长速度仍以 3.0% 发展。2009 年,哥本哈根世界气候大会(COP15)前后,大家对全球气候变化和全球变暖问题开始大量关注。

低能耗概念下的城镇发展,可以减轻环境污染、提高能源利用率,这在国家新型城镇化建设时期,有着相当重要的意义。对于京津冀地区的空气质量要求,2015 年 12 月底,国家发展改革委发布的《京津冀协同发展生态环境保护规划》提出:"到 2017 年,京津冀地区 PM2.5 年平均浓度要控制在 73 微克 / 立方米左右。到 2020 年,PM2.5 平均浓度要控制在 64 微克 / 立方米左右,比 2013 年下降 40% 左右"。2018 年 7 月,国务院发文成立了"京津冀及周边地区大气污染防治领导小组",加强联防联调的力度。

21 世纪前后,我国高校开始大量扩招,校园占地规模也开始走向大型、超大型校园时期,校园规划建设进入快速发展时期。由于校园规划占地面积和建筑面积巨大,且建筑功能种类繁多,在提供舒适的办学环境的同时,校园在建筑采暖、制冷、用电等方面的能耗巨大。随着高校建设的快速发展,我国建筑能源形势严峻,建筑各类能耗也越来越高,约占社会总能耗的 33%。"十二五"规划、党的十八大报告中把"大力发展低碳、环保、节能建筑"作为低碳经济发展的重点,是非常有道理的。

吴志强院士提出"绿色校园是绿色社区的缩影",是一个微型的城市群体。1949 年以来,我国高校及学科之间经历了合并、重组以及细化等变化,带动校园教育、管理模式的不断改变,比如高校院系管理模式、学科组团建设模式变化。随着高校教育产业化,中国内地出现一股高校之间合并、扩招热潮,出现了众多的大型、超大型校园建设,比如天津大学津南校区、河北师范大学南二环校区、华北理工大学曹妃甸校区等,都是少则一两千亩(66.7 万 m^2~133.4 万 m^2),多则可达四五千亩(266.7 万 m^2~333.3 万 m^2)的大型、超大型校园,现代高校的人数规模也从几千人发展到近 10 万人,现代高校正在成为带动一方经济乃至一个城市快速发展的动力引擎。

现代校园建筑集多功能于一体,能耗问题正在受到社会的关注。由办公(或科研)楼、教学楼、图书馆、食堂、宿舍以及其他附属用房等十余类建筑组成,使得校园形成了独立于社会的一个生活圈,成为现代城市经济和社会文明的标志性元素。如何在大型或超大型校园实现绿色环保的项目建设及运行管理，成为现代校园规划研究的热点。

同时，全球能源危机情况日益严重，并且可持续性校园、绿色低碳校园、节能建筑设计等设计意识逐渐地被人们所接受，校园规划建设对建筑高效用能问题越来越关注。寒冷地区高校校园如何在做到高效用能的基础上，实现建筑综合体设计的舒适宜居和合理布局，逐渐成为校园建筑规划设计的热点问题。

本书在传统校园能源利用的基础上，以模块化设计的角度来研究校园建筑的能耗设计，可以实现校园综合体建筑更深入的高效化能耗设计研究。《居住建筑节能设计标准》DB21/T 2885—2017、《公共建筑节能设计标准》GB 50189—2015 作为现行相关的建筑节能标准，对于校园建筑专门的能源利用却没有详细的设计说明和约束，也无"校园建筑能源规划设计标准"。对于校园建筑而言，周期性的校园生活规律、种类繁多的建筑类型，其能源利用特征各不相同，若是在建筑方案设计或施工图设计阶段，仅仅将其作为单一的居住建筑或者公共建筑进行单体的节能设计，或与外界进行能源供需关系平衡，忽略各自相同或互补的用能特点，对于高校新校园建设来说，是非常不合理的。

本书中建筑低能耗研究，是为了深入校园建筑的低能耗设计，在校园规划前期阶段进行的低能耗约束性设计研究。本书研究的校园综合体建筑低能耗问题，从模块分解的建筑单体低能耗问题、综合体低能耗问题再到多综合体整合的规划设计层面问题，最终在前期设计阶段，提出低能耗约束性设置条件，有利于校园建设过程中的低能耗深入设计。即通过校园综合体的"模块化"设计方法，进行建筑的解构和重构研究，包括低能耗设计耦合因素的敏感性分析、模块化建筑设计方法、基于外在形态及内部负荷因素约束的综合体建筑设计、校园规划中低能耗设计应用四个部分。

本书的研究是以建筑能耗为主线，以模块化设计为方法的校园规划过程，不同于传统校园规划的节能设计研究。首先是在校园规划前期阶段进行低能耗约束性设计，在规划设计之初就以外在形态、建筑配比对校园规划进行低能耗约束，为全程化的低能耗设计提供基础；其次是模块化的低能耗设计，在综合体解构的单体上研究能耗，再对不同功能的建筑负荷平准化优化，重构组合综合体，把复杂的问题简单化。以上这些研究不同于传统校园建筑的单体或建筑群的能耗研究。

针对寒冷地区新建校园综合体的建筑群设计，有着建设周期短、建筑功能复杂、组合模式多样、能源系统交错等问题，没有简单可行的低能耗设计方法，则会影响校园的规划建设速度。借助校园规划和建筑能耗的耦合因素，进行数据整理和模块化设计，建立合理可行的校园综合体能耗快速优化及规划设计，同时补充和完善现有寒冷地区校园的建筑能源利用体系，给现代校园大型综合体以定性、定量的低能耗建筑设计研究。

1.2　研究内容、思路

1.2.1　研究内容

本书以寒冷地区新校园的综合体设计为研究对象（以高校的新校园建设为主，综合体以校园建筑连廊式、建筑串联式、建筑基座式的建筑群组合为主），以模块化设计为研究方法，以建筑低能耗设计为研究主线，进行综合体建筑的模块化解构和重构。按照以下 8 个部分，分别进行具体内容研究：

第 1 章，绪论。对高校校园综合体低能耗设计选题的国内外研究现状及研究来源、意义、内容及技术路线等内容进行全面的分析阐述。提出基于模块化的寒冷地区校园综合体低能耗设计概念，并围绕校园建筑及能源设计的耦合因素、校园综合体设计、建筑模块化设计、低能耗设计等展开理论文献综述和解析，为后文的写作做出铺垫。

第 2 章，寒冷地区校园建筑与能源利用现状调研。从我国传统高校校园规划演化入手，结合第 1 章的国内外研究，对寒冷地区典型校园的建筑规划和能源利用现状进行调研。针对寒冷地区（石家庄）的气候特征、传统校园规划格局、组团分布情况及校园演变等问题，深入了解我国高校建筑规划走向大型化、复合化的基本现状，提出校园综合体设计的概念。并进一步对寒冷地区的河北工业大学北辰校区、南开大学津南校区、石家庄铁道大学等典型校园的建筑与能源设计进行系统调研，总结寒冷地区气候条件下的校园规划形态与建筑用能特征。同时，提出当前校园建筑与能源利用存在的不同步、新能源利用见缝插针的现象，以及能源规划不到位等问题，为低能耗设计影响下的校园模块化建筑设计打下研究基础。

第 3 章，校园综合体的低能耗设计影响因素敏感性分析。从校园建筑和能源设计因素耦合的研究视角，结合第 2 章的现状调研，提取新校园建设过程中 25 个相关低能耗设计影响因素，形成建筑能源影响下校园规划影响因素的数据模型，区分建筑规划、能源设计、运行管理等专业进行专家问卷调研，构建低能耗相关影响因素的敏感性分析平台。然后，利用 R 数据相关分析的重要性分析、相关性分析、聚类分析等方法，对建筑规划、能源管理等专业的调研数据，进行单一领域或综合领域的敏感性分析和对比，形成校园建筑低能耗的影响因素层级关系，再与校园项目规划前期、建筑设计不同阶段进行对比，为校园规划的设计人员提供从规划到管理的低能耗设计建议。

第 4 章，构建校园综合体的低能耗模块化设计方法。利用校园综合体建筑和能源设计规律，揭示校园建筑规划和低能耗设计的模块化特征。利用地域气候、设计规范和设计经验，构建校园综合体的部件级、组件级、元件级等标准化参数数据库，同时，数据库具有一定的开放性，可以根据需要删减和完善，为第 5 章、第 6 章、第 7 章提供标准化参数支持。其次，根据第 2 章、第 3 章内容，以模块化校园设计解构综合体的建筑单体组成，重构校园模块化的能耗单元设计，提出校园综合体组合化系统设计、系列化组件设计、标准化参数设计的低能耗设计方法体系，以供规划、设计人员进行校园建筑的设计参考。

第 5 章、第 6 章、第 7 章，多约束条件下的校园综合体低能耗设计路径及应用。结合第 3 章敏感性层级关系、第 4 章标准化参数数据库，首先，从建筑外在形态及配套环境入手，结合校园建筑的能源供需关系，构建校园综合体的建筑组成、节能设计参数、建筑尺度等标准化的设计参数。同时，结合建筑形态的表面积、配套室外环境，根据太阳能光伏、地源热泵等新能源收集技术，找到一个配套环境和设备需求的空间耦合和能源置换的等量关系，为设计师找到建筑设计和降低能耗两者空间耦合的设计方法。

其次，从综合体的内部负荷优化入手。以第 4 章数据库参数输入，采用自下而上的负荷预测方法，结合综合体的五种典型建筑类型，分别建立 DeST-c 建筑负荷模拟模型，进行负荷平准化预测和 Matlab 优化运算，获得整体型和局部型校园综合体 $\beta_1 : \beta_2 : \beta_3 : \beta_4 : \beta_5$ 的五种典型建筑最优配比。并且在不同的逐时冷、热负荷值保证率的情况下，对整体型校园综合体和国家标准校舍的最优配比进行校核，获得校园综合体的最优配比。

最后，从规划层面，结合案例进行第 5 章、6 章低能耗约束方法的设计应用。以石家庄某大学的新校区设计为例，针对校园低能耗综合体配比和国家校舍指标不一致的问题，提出不同类型综合体和环境资源的协同规划设计模式，补充和完善现有绿色校园的建筑规划设计体系。

第 8 章，结论及展望。本书以模块化设计为研究方法，进行寒冷地区校园建筑综合体的敏感性分析、方法体系构建、多因素约束下的低能耗设计及案例应用，并在校园规划前期阶段，对校园建筑单体、建筑群组合、校园规划设计的能耗问题，进行全程化的校园综合体低能耗设计和应用研究。最后，提出项目研究的创新点、展望及相关局限性。

1.2.2 研究思路

本书主要的研究思路：以寒冷地区校园的综合体建筑为研究载体，以模块化设计新建校园为研究方法，在现代高校校园综合体建筑设计中加入低能耗的设计概念。针对建筑规划、建筑设计与能源利用问题，进行项目前期阶段的多因素约束性设计研究，为校园建设后期的建筑单体设计及运行管理中的用能问题，提供良好的低能耗设计基础，如图 1-1 所示。

（1）与低能耗耦合的校园综合体设计分析研究：以寒冷地区的校园建筑综合体为研究对象，结合能源利用问题，在构建多重耦合因素的敏感性层级关系，以及部件级、组件级、元件级等参数数据库的基础上，形成科学合理的设计研究基础，指导综合体特色下的校园低能耗建筑设计研究。

（2）以模块化设计的视角进行校园综合体的解构和重构研究：对于错综复杂的校园综合体建筑设计，以模块化设计方法，首先解构为不同功能单体的能耗模块，优化后再重组并实现案例应用。在模块化设计的技术框架下，利用校园建筑的参数数据库，结合外在形态、内部负荷等多因素约束的低能耗设计路径，对校园综合体建筑的组合化、系列化、标准化等设计方法的低能耗问题进行探讨研究。

以上两者结合，整理与能耗耦合的校园建筑设计影响因素，建立 R 语言数据分析的敏感性层级关系；以传统校园及用能的模块化特征以及校园建筑设计的标准数据库，确定以模块化设计的建筑低能耗研究方法；以建筑外在形态及配套环境的新能源利用，建立以产能与建筑环境空间耦合、置换的低能耗约束设计模式；以校园建筑群的负荷平准化设计，建立能耗最优的综合

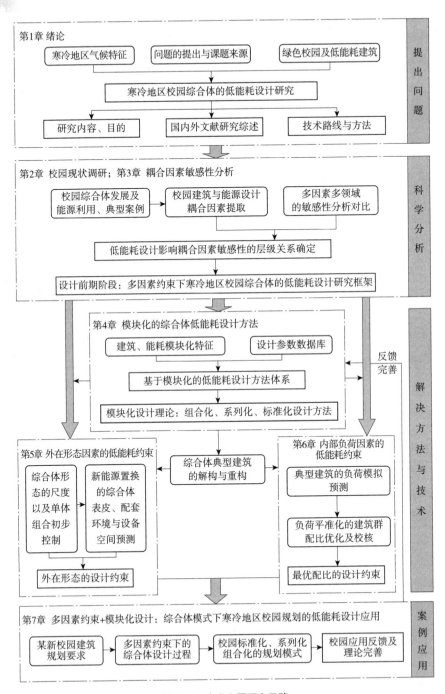

图1-1 本书主要研究思路

体建筑配比约束设计模式；最后对于校园综合体低能耗的最优配比与国家校舍标准的不一致问题，以不同综合体及配套环境的组合化设计方法实现校园规划设计应用。

以上基于模块化的校园综合体低能耗设计方法，可以为寒冷地区校园建筑的设计前期阶段，以"设计方法—设计路径（配比校核）—设计应用（对比标准）—反馈修正"，形成系统的闭合研究路线，提供"建筑+能源"并行的校园规划设计思路及数据参考。

1.3　国内外研究现状

由于寒冷气候的影响和人们对建筑舒适度的追求，在高校新校园的规划中，校园综合体已经成为高校的设计热点。本书在提出问题以后，对于"大型校园规划低能耗设计策略与应用"研究，以寒冷地区、校园综合体、低能耗设计、高校校园建筑、模块化设计等为关键词，进行国内外文献的调研和分析。

1.3.1　国内研究现状

1.3.1.1　校园综合体的低能耗设计研究

在近 20 年的新校区建设中，比如天津大学津南校区、西北工业大学新校区、河北师范大学南二环校区、北京建筑大学南校区、郑州大学新校区、太原理工大学新校区、沈阳建筑大学等学校，多数有大型的教学、办公、科研类的校园综合体。通过对寒冷、严寒地区部分校园的综合体数据统计（见附录 A），发现各地区对于校园综合体建筑设计关注很多，但是对于校园建筑群的低能耗优化问题研究不多。具体的国内文献研究如下：

（1）校园综合体设计的研究

对于校园综合体设计的高效用地问题。崔愷等（2015）以北京工业大学第四教学楼组团设计为例，研究了现今校园综合体的发展前景，为如何节省空间提供参考。高冀生（2004）提出新校园规划有大型规模、"低密、高容"、多功能综合、传统功能分区转化等设计特点，具有校园综合化的趋势。张家明（2015）为了解决大学校园建筑的高效率利用，以生活区结合商业功能复合生活空间，打造集约化的综合大学生活空间来设计生活区综合体。梁爽（2015）

研究提出高密度环境下城市中心区的校园综合体建设模式。张如意等（2018）研究了大学校园作为一种文化交流的场所，提出集文化性、娱乐性、教育性等于一体的校园综合体设计。

对于国内外的校园综合体案例研究。高洪波（2012）对国内外大学校园综合体建筑进行调查归纳，探索具有特色的大学校园综合体设计方法并进行实践。张毅杰（2017）结合国内外案例研究集约化、人性化的活动中心综合体，提出大学教育模式的校园活动中心综合体建筑与学生活动的适应性问题。

可见，校园建筑综合体的应用具有广阔发展的前景，对于高校校园的土地利用及功能设计具有集约、综合、高效的特点。

（2）建筑低能耗设计问题

低能耗建筑设计中被动式技术设计较多。梅洪元等（2013）以北方气候为主，从建筑群体形态、单体形态及空间形态等层面，构建了以低能耗为目标的寒地建筑形态适寒模式。刘刚等（2018）研究采用被动式建筑技术方法以取消传统的供暖系统，利用新型围护结构提高建筑气密性。徐伟等（2015）研究并建立了我国被动式超低能耗建筑技术体系，指明先北方后南方、先居住建筑后公共建筑的推广方向。韩小霞等（2016）以节能设计为导向，通过被动式的节能技术措施，达到对外部能源的依赖降到极低的目的。宋琪（2015）运用辩证的逻辑方法解答"被动式建筑是什么"。

对于超低能耗或零能耗建筑的研究问题，研究者关注比较多。杨柳等（2015）研究了不同地域气候下低能耗建筑的节能技术问题，并运用气候分析技术与气候分区方法达到超低能耗标准。任楠楠等（2017）在超低能耗建筑建成的基础上，对建筑运行环节进行把控，加强超低能耗技术体系研究，完善严寒地区超低能耗建筑技术。李峥嵘等（2017）通过正交试验设计方法，研究了建筑外窗、外墙、屋面传热系数对建筑供热负荷、制冷负荷及全年总负荷的影响。房涛（2012）通过对室内热环境的监控，分析天津地区零能耗建筑节能作用，结合节能技术与可再生能源建立多能源供给系统。曲磊等（2018）研究了超厚保温层、低能耗太阳能空调、光导管照明控制与运行管理等节能设计技术，以达到超低能耗要求。

对于建筑低能耗设计的方法问题，主要有以下文献研究。彭梦月（2011）介绍了欧洲低能耗建筑和被动房发展现状，针对国情提出了可行性的设计方式。黄春成（2013）研究了利用计算机模拟实现建筑的人工智能低能耗计算方法。王学宛等（2016）利用关键参数限额法、双向交叉平衡法和经济环境决策法 3 种科学通用的超低能耗建筑设计方法，对建筑性能进行分析。

低能耗设计是建筑应对气候变化的最佳方法，所以大家对于超低能耗或零能耗建筑的被动技术及方法研究较多。

（3）高校校园的建筑低能耗设计

对于校园建筑的低能耗设计研究，提供了大量的设计策略和技术研究。梁亮等（2018）研究了微气候影响下校园综合体实践中的节能设计问题。杨维菊（2007）探讨了现代大学校园快速扩张下的低能耗建筑设计策略与技术。施建军（2010）针对大学校园能耗系统体系的低效能源利用等问题，提供了低能耗设计解决方法。慕昆朋（2012）总结了建设寒地校园低碳建筑面临的机遇与挑战，提出在寒地地区发展校园低碳建筑的设计对策和建议。段文博（2013）对辽宁地区高校教学楼的低能耗设计潜力和可行性进行了分析。

对于低碳校园的低能耗建筑设计研究已经成为低能耗设计的研究热点：姚争等（2011）从生态角度分析了低碳校园的特点和问题，提出基于生态足迹视角的低碳校园发展建议。陈晨（2013）运用被动式技术结合建筑设计，并以低碳校园建筑进行低成本实践，实现采用适宜技术下的绿色建筑设计。郭茹（2015）在能源碳核算分析的基础上，研究了低碳校园在低能耗方面的管理策略。赵丽君（2016）以寒冷地区高校建筑为研究对象，综合考虑建筑的热舒适与能耗，提出了高校校园的低碳建筑设计方法。

1.3.1.2 模块化设计相关的研究

对于国内模块化设计，算是一个比较成熟的研究方向。在计算机软件、机械安装、建筑施工等领域的研究都比较多，但是对于校园建筑综合体的能耗问题，国内的文献研究还不多。

（1）模块化设计

在机械设计、计算机软件或数据分析上，属于早期的模块化设计应用。高卫国等（2007）对广义模块化设计原理、广义产品平台、基于广义模块组合和基于广义产品平台的产品族规划方法进行了系统阐述。侯亮等（2004）研究得出模块化设计是作为实现机械大批量定制生产、敏捷制造的重要一环。夏明忠等（2012）研究了软件产品定制或配置在模块化设计上的应用。张卫等（2019）

利用工业大数据分析智能服务应用、技术和管理三个维度的关系，建立智能服务的模块化设计策略。

（2）建筑模块化设计

对于工业化或装配式的建筑施工设计问题，对产品设计或施工流程进行模块化分解。余庆军等（2010）研究了模块化施工中的现场施工问题与降低施工风险的措施。张德海等（2014）通过对预制构件生产及施工问题的调研，提出基于 BIM 的模块化设计方法，以提高设计效率，节约设计成本。张贤尧（2012）通过对模块化的研究，为绿色建筑设计提供简单、有效的方法，提高了绿色建筑技术的实践适应性。俞大有等（2014）以现代教育发展的学校建筑为研究对象，就建筑工业化模式下的设计、施工和使用方面进行了探讨。

对于系统化的建筑模块化设计问题研究比较多。辛善超（2016）提出了"设计－建造"新模式，从模块化体系、模块化分解与重组、模块化设计与建造三方面研究了模块式建筑的优势。李无言（2015）以模块化建筑思想为指引，研究运用模块方式，建立产业化模块住宅的全体系链。姜贵（2017）结合实际项目浦口医疗中心，运用模块化设计方法，从场地规划、功能布局、交通组织、空间塑造四方面的模块化设计入手，论证了模块化设计的有效性。陈思慧旼（2017）以贫困边远和少数民族聚居区为研究对象，从模块化构成探讨符合中小学生成长空间场所的模块化设计。

（3）低能耗建筑的模块化设计

以不同形式的模块化低能耗设计研究，对于综合体类型来说还是比较少的。龚强（2015）以"外壳""内核"模块化研究商业综合体节能问题，利用模块化设计简单化研究复杂问题。王宁等（2015）在高层及超高层装配式钢结构建筑上引入模块化分解的建筑技术。潘学强等（2016）以模块化装配式钢结构建筑设计了多种建筑模块，解决了传统建筑建造及使用过程中能耗过高的问题。方一凯等（2014）从模块化建筑的设计特点、施工特点、发展模块化建筑的必要性和现实意义三个方面研究了低碳建筑的发展趋势。

对于绿色建筑技术的低能耗模块化研究。张贤尧（2012）利用模块化理论进行建筑分解及组合，形成了不同目标约束下绿色建筑的集成设计方案。南天辰等（2015）以绿色建筑技术模式研究了居家养老模块化改造方案。史国永（2017）利用绿色建筑体系模型 S（GL，THI，PPI）=F（AT，BC，ST，BR，GT），研究了规则、依据、方法的模块化绿色建筑技术体系构建过程。陈明

（2018）研究了模块化模式下的被动式建筑节能技术利用。

总之，模块化设计的解构与重构，是解决复杂问题的最好方法，已经得到了专业人士的认可和推广。在现代建筑设计中，模块化设计应用主要停留在商业综合体、高层建筑、绿色建筑、建筑施工等不同方向的建筑科学研究，多是针对项目规划或单体设计的流程上，从设计层面进行"设计 - 建造"系统的分解和重组研究，而未曾发现校园综合体的模块化研究或者对于校园建筑群的低能耗模块化研究论述。

在大规模校园建设和能源紧张的今天，寒冷地区高校校园综合体的低能耗模块化设计研究，具有重要意义。

1.3.2　国外研究现状

1.3.2.1　校园综合体建筑的低能耗设计研究

在国外文献中，大学校园综合体建筑群，又称为 One-building、Integrated Urban 或整体式校园等，综合体建筑有着独特的能源利用特征，国外文献多关注于校园建筑单体的功能或能耗研究。

（1）建筑的低能耗设计问题

校园建筑的低能耗设计研究，是很多学者的关注方向。具体研究有：Sinchita Poddar 等（2017）以 KAIST 校园科研、宿舍等建筑节能改造的模拟分析为例，研究校园建筑绿墙负荷降低的潜力。I. Sartori 等（2007）在调研 60 个国外校园建筑案例以后，揭示全周期不同工况下建筑使用和总能量之间的线性关系。Fadi Chlela 等（2009）以 DOE 统计法优化建筑设计过程中的建筑围护结构参数，进行低能耗研究。D. J. Sailor（2008）在芝加哥和休斯敦的办公楼屋顶采集相关参数（介质深度、灌溉和植被密度等）测试，发现建筑参数对建筑能耗影响显著。

（2）校园综合体建筑的低能耗问题

国外文献中，校园建筑群的整体能耗问题研究较多，而对于校园综合体研究不多。一部分国外专家提出了以整合校园建筑来降低能耗：Andreas Thewes 等（2014），通过卢森堡等国家 68 所大学校园的建筑组团能耗分析，归纳了校园建筑功能、建筑能源标准等设计参数。Min Hee Chung 等（2014）对韩国传统校园的建筑群体进行能耗效率调查，发现通过现有校园建筑改造可以节能 6%~30%。Azucena Escobedo 等（2014）估算了墨西哥 UNAM 校园的主要建筑和设施能耗，发现照明占总能耗的 28%。如果采用节能技术进行改造，能耗占比可减少 7.5%，二氧化碳排放量可减少 11.3%。

另一部分专家提出以实验或软件模拟的方法预测校园建筑能耗负荷和节能潜力。其中 James E. Braun 等（2002）对芝加哥校园站点进行现场瞬态冷却或加热数据测试，提出了一种参数传递函数的"灰盒子"建模方法。D. Hawkins 等（2012）使用人工神经网络（ANN）方法对英国校园建筑 DEC 数据进行研究，发现优化以后相对于理论基准能耗数据可以减少 30%。Mohsen Mohammadi 等（2018）提出了使用智能权重的优化算法，将 EMD 与智能算法捆绑研究校园建筑的负荷预测问题。Guan Jun 等（2016）用校园建筑能源需求和负荷使用特征分析挪威大学校园的电力、供热实时数据，通过聚类法分析贡献度，进而确定建筑物的优化潜力。Patricia R.S. Jota 等（2011）利用聚类法对校园典型建筑进行负荷模拟，预测当天的最大峰值负荷需求。

1.3.2.2 与模块化相关的设计研究

国外早期的模块化研究理论源于大规模生产问题。青木昌彦等在《模块时代——新产业结构的本质》一书中指出：模块化是指一个半自律性的子系统，按照一定的相互联系规则，结合其他的子系统构成更加复杂复合系统或过程。1963 年，埃文斯首次提出模块化的设计理念，影响了很多制造产业的发展。

（1）模块化设计

美国学者大卫·M·安德森、B·约瑟夫·派恩（1999）提出"模块化是大规模生产中的技术关键"，大规模定制（Mass Customization）是一场技术革命。哈佛商学院两位院长卡丽斯·鲍德温、金·克拉（2006）发现美国"硅谷现象"的本质是"模块化"，提出"模块化是解决系统复杂问题的有效工具"。R·S·普雷斯曼（1988）在《软件工程》中也提到模块化设计的重要性。

在模块化设计的国外文献中，多以模块分解的方式研究建筑设计或施工、评估问题。Pezhman Sharafi 等（2017）提出利用数学矩阵的模块化设计策略，在设计早期寻找空间分配约束下多层建筑的空间偏好问题。Tarek Salama 等（2017）在设计施工中介绍了一种新的适用性施工评估指标，以便实现模块化最佳配置选择。Mohammed Salah-Eldin Imbabi（2006）介绍了新一代模块化呼吸墙系统的技术，并在新建和翻新项目中实现建筑设计实践。Lu Aye（2012）

等以模块化设计的方法，估算住宅建筑的预制钢、木材、混凝土用量，优化传统的施工方法，减少施工程序和空间。Jeremy Faludi（2012）以模块化方法，对旧金山商业建筑进行全生命周期评估，发现用能问题一直影响商业运营。

（2）低能耗的模块化设计

对于低能耗的模块化设计，国外专家多以模块化分解的方法，结合模拟软件对不同的建筑能耗或组件性能进行科学研究。Yao Runming 等（2005）以英国住宅设计的 SMLP 方法，利用热阻网络方法的热力学模型，分析不同类型房屋的供热负荷曲线。Karsten Voss 等（2011）对德国能源全面考虑能量平衡、能效和负荷的模块化匹配问题以后，提出了建筑节能与新能源利用之间协同平衡问题。Michael Wetter 等（2008）利用建筑物测试 BCVTB，观测不同情景模式下的能耗变化情况，并对 Ical 模型和 EnergyPlus 模拟下的数据系统进行模块化设计和运行分析。Rashmin Damle 等（2011）以模块化的分解建筑群，结合 CFD 设定能量模拟的边界条件，开发用于研究建筑瞬态热模拟的"NEST"模拟工具。

（3）校园建筑的模块化设计

对于校园建筑的模块化设计方面，国外论文多侧重于建筑设计的用户影响问题。Paddy T. McGrath 等（2011）在模块化结构下研究现代建筑方法（MMC）建造的诺丁汉大学宿舍建筑，发现用户选择宿舍的首要因素是地理位置因素。Jacek Olearczyk 等（2009）以美国穆伦堡学院 McGregor 的宿舍楼为例，提出了安装模块化设计的用户操作问题。Katarzyna Ewa Majewska（2015）在调研华沙技术大学宿舍现状以后，提出为特定用户提供模块化的宿舍特色组件设计，提高居住环境舒适度。Simona Azzali 等（2018）通过卡塔尔大学工程大楼联系走廊，收集用户对于颜色和数字方面的敏感性使用影响，提出最佳的师生人员与建筑空间的模块化组合设计方案。

综合上述，通过国内外研究资料可知，以模块化设计、建筑低能耗的模块化设计、绿色校园、校园建筑等关键词为主，查阅的国内外研究文献，都有一定的数量和深度，但是对于"寒冷地区＋校园综合体＋建筑低能耗＋模块化设计"的交叉研究问题，属于介于单体设计和校园规划之间的空间环境的能源置换问题、建筑负荷的混合配比问题，在国内外的科学研究中还是很少的。

大学校园综合体的建筑低能耗问题，是一项值得研究的课题。随着我国各大高校的扩招和新校园建设，校园建筑的综合体模式给校园生活带来了快捷高效的教学空间和一定的生活舒适度，已经成为寒冷地区现代校园不可缺少的建筑组成和标志性建筑模式。但是大量不同种类的建筑组成和大型的建筑规模，也带来了巨大的建筑能源浪费，急需进行设计协调和能耗优化，为校园规划决策者和设计者提供一个可以参考的校园建筑低能耗设计模式。所以对于快速发展的现代校园来说，寒冷地区校园建筑综合体的低能耗模块化设计，是一个非常值得深入探索的科研项目。

1.4 大型校园规划介绍：南开大学津南校区

南开大学，主要包括八里台校区和津南校区，共占地面积 455.69 万 m^2。其津南校区，位于天津市津南区"海河教育园"内，占地 245.89 万 m^2，按"一次规划、分期建设"的模式实施，预留适度的发展空间，规划设计学生规模 37000 人，建筑与绿化、水系环抱融合在一起，属于绿色"花园式"校园。

校园规划以公共建筑和绿化景观为轴线。以院系组团作为基本单元，组织校园功能布局。津南校区大学行政楼、图书馆、本科生公共教学楼、实验楼和体育馆等公共资源依次坐落在南北轴线上，而在东西轴线上布置了南开讲堂、博物馆、马蹄湖等历史文化建筑及自然景观，通过调整南北轴线位置以及部分景观，将整个学校划分为四大区、九个组团（包括一个共享组团），使空间布局更为对称与均衡，如图 1-2 所示。

从学校新校区布局上看，以建筑群的组团形式，利用学科结合教学科研、餐饮、住宿等建筑功能，最终形成文科、理科、新兴学科、对外办学、其他院系等科研组团以及公共教学组团、教工生活组团等九个组团，错落分布在轴线四周，承接老校区整体搬入，实现相互完善和健康运行。

混合功能的教学组团模式，具有绿色、低碳等优点。如南开大学津南校区的每个学院建筑是以学院综合体的形式存在，每一组教学综合体里又以分栋分区的形式，包含教室、办公、科研、管理等建筑功能。如文科教学组团由汉语言文化学院、历史学院、周恩来政府管理学院、金融学院等多个相关的文科类学院组成，形成文科类教学中心。教学组团建筑群的周围布置相关的学生宿舍、食堂、运动场等建筑设施，集约化利用土地和环境，以最简洁的交通路径、最短的时间实现师生的全部大学校园生活，形成一个大学校园里的"微"大学，很好地体现了学校发展的绿色低碳和可持续性特征。

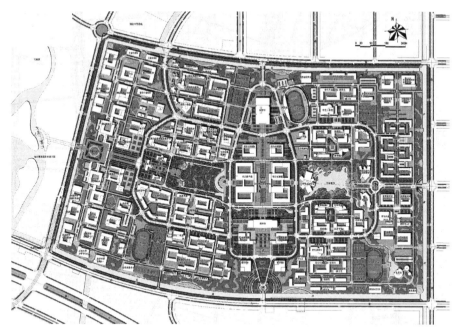

图 1-2 南开大学津南校区平面

第 2 章

寒冷地区校园建筑与
能源利用现状调研

校园综合体定义及相关问题
高校校园规划形态演变及现状调研
寒冷地区校园的建筑能源利用与调研
当下校园规划中建筑能源设计存在的问题

校园规划是一门科学，有其自己的发展规律。随着高校扩招和对生活舒适度的追求，现代高校的新校园建设、教学生活模式、校园建筑形态都发生了很大变化。在新校园规划建设中，高冀生教授（2004）对现代校园提出了以下特点：大型规模、"绿色校园""低密、高容、立体化"、传统功能分区转化、多功能综合利用、环境自然和谐及校园人文化设计。可见，校园综合体及低能耗建筑特征已经初步凸显。

根据上一章国内外文献综述部分可知，这种大学校园建筑群又可以简称为整体式校园、都市整合型（Integrated Urban）校园、单体式（One-building）校园等各类名称，基本上这些名称，统称为大学校园的建筑综合体模式，都属于同一类大学规划形态。现代建筑的典型案例：德国包豪斯学校，就是以一个建筑的形态，将教学单元、宿舍单元、餐饮单元以及办公单元等功能形态，以分块的形态组合为一个建筑整体，如图 2-1 所示。

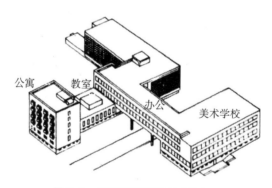

图 2-1 德国包豪斯学校校舍示意图

2.1 校园综合体定义及相关问题

2.1.1 校园综合体及低能耗建筑的定义

2.1.1.1 校园综合体的定义

城市综合体，是将居住办公、餐饮商业、展览会议等城市空间的多项生活组合，建立互为依存和联系的耦合能动关系，从而形成一组高效使用的多功能城市综合体。而建筑综合体，是由多个不同使用功能空间组合而成的特殊建筑形态。

对于大学来说，校园综合体就是将大学建筑空间和功能组织整合的一种模式。这种校园建筑将校园全部或部分功能，如教学办公部分、餐饮住宿部分、体育运动部分等整合于一座大型建筑中，通常采用围合院落、休息长廊、大型基座、屋盖覆盖等结合形式。如果将各个建筑功能看作独立的模块，综合体就是有效整合建筑空间，串联各个模块成一个整体，形成一个现代校园的建筑综合体，如图 2-2 所示。

图 2-2　某校舍综合体效果示意图

在规划设计上，校园综合体属于介于单体和群体之间的一组特殊的大型建筑，属于一个既有单体分工又有综合联系的综合建筑，其在外在因素和内在因素上统一协调，成为相对独立的建筑整体。校园综合体设计是单体建筑设计与复合型建筑规划过渡性的设计研究。

综合体建筑具有高可达性、高集约性、整体统一、功能复合等共同特征。对于校园的建筑综合体，还具有以下设计特点：

（1）建筑群体集中、功能相对独立，拥有与外界紧密的交通联系，相对完整的教学工作及校园运营体系。

（2）建筑规模宏大，人口高度集中，拥有功能不同而自我互补的生活体系；各单体建筑相互配合、影响和联系。

（3）建筑风格统一，与校园空间整体环境统一、配套协调。

2.1.1.2   低能耗建筑的定义

低能耗建筑是指在建筑外围结构、内部能源及相关的设备系统、建筑能源利用等方面，综合选用各类节能设计策略，使得建筑能耗远低于常规建筑的建筑物，是一种尽量少用一次能源，使用可再生能源的建筑物。本书研究的低能耗建筑设计，主要以外在形态（尺度及组合控制、建筑表皮节能、建筑与新能源生产一体设计）、内部负荷（建筑功能配比优化）结合的建筑设计，如图 2-3 所示。

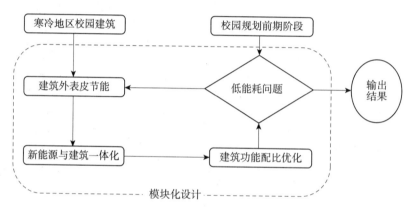

图 2-3   校园建筑低能耗设计示意

2.1.2   寒冷地区的气候特征

由于地理纬度、地形地貌等条件不同，中国各地建筑气候分布相差悬殊，寒冷地区的建筑则注重关注防寒和保温设计。《民用建筑设计统一标准》GB 50352—2019 将中国分为多个气候区，提出了不同的要求。寒冷地区的气候条件如表 2-1 所示。

本书研究主要以中国寒冷地区气候的校园建筑为例，重点以京津冀地区为研究对象，其主要位于华北平原一带，北侧西侧为燕山、太行山山脉，东临我国渤海湾，地形呈现出西北高、东南低的特征。从地貌上看，该区域以平原地貌为主，沿渤海岸多湿地（本书案例新校园建设为太行山脉的丘陵地形）。

本书在美国太空总署 NASA 气象资料网站上查询得到石家庄 1997~2017 年的气候参数如下：

寒冷地区气候条件　　　　　　　　　　　　　　　表 2-1

分区	主要指标	辅助指标	各区辖行政区范围	建筑基本要求
寒冷地区	1 月平均气温 -10~0℃；7 月平均气温 18~28℃	年日平均气温 ≥ 25℃ 的日数 <80d；年日平均气温 ≤ 5℃ 的日数 145~90d	天津、山东、宁夏全境；北京、河北、山西、陕西大部；辽宁南部；甘肃中、东部以及河南、安徽、江苏北部的部分地区	1.建筑物应满足冬季保温、防寒、防冻等要求，夏季部分地区应兼顾防热；2. ⅡA 区建筑物应防热、防潮、防暴风雨、沿海地带应防盐雾侵蚀

　　石家庄，地处亚洲大陆东缘，临近渤海海域，归属季风气候。四季特点明显，寒暑特征显著，雨量集中于夏秋季节。春秋季短，夏冬季长，干湿期明显。春季长约 55 天，秋季长约 60 天，夏季长约 105 天，冬季长约 145 天。空气全年的平均湿度 65%。春季降水量少；6 月至 9 月三个月降水量占全年总降水量的 60% 以上，天气比较潮湿，七八月份期间空气非常潮湿；秋季，受中国北部高压影响，凉爽少雨，气候宜人，空气湿度约为 78%。深秋经常出现东北风，经常发生寒潮天气；冬季，受俄罗斯远东地区的冷高压影响，西北风较冷，天气比较晴朗，一般有降雪现象（图 2-4~ 图 2-8）。

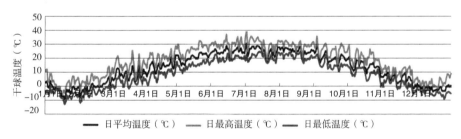

图 2-4　日干球温度统计

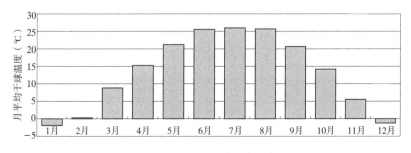

图 2-5　月平均干球温度统计

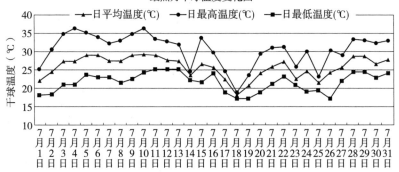

图 2-6　最热月干球温度变化图

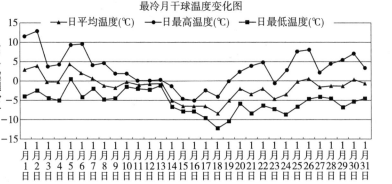

图 2-7　最冷月干球温度变化图

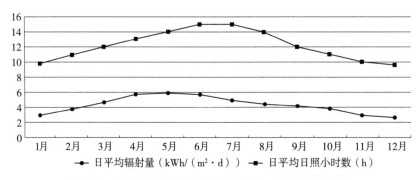

图 2-8　太阳能逐月日平均辐射量和日平均日照小时数统计表

石家庄年总降水量约为 400~750mm。其中西部太行山区大约为 600~700mm；其他地区为 400~590mm。春天降水少，总雨量为 11.0~41.0mm。夏天雨量多而集中，降雨量基本在 500mm 以上。全年总日照时数在 1916~2571 小时，其中春夏季节日照比较充足，秋冬季节日照相对偏少（图 2-9）。

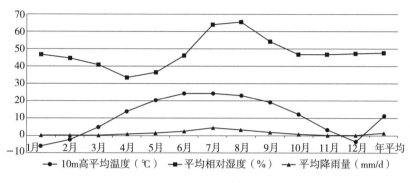

图 2-9　平均气象资料统计表

2.2　高校校园规划形态演变及现状调研

就传统教育而言，现代校园的建筑形态源于传统书院，而我国现代意义上的高校则始于 19 世纪末西方思想的传入。欧美工业革命后，西方教育模式对传统的教学理念、教学内容和教学形式等造成了巨大的冲击。当然，西方工业革命以及新型建筑材料、建筑技术的快速发展，对当时我国传统的校园建筑规划和设计模式发展起到了很大的促进作用。同时在 1949 年以后，苏联建设模式又成为我国校园规划学习的主流，这些内外因素，形成不同风格的大学校园建筑形态。

校园建筑形态走向大型化、复合化、综合化发展趋势，综合体成为校园标志性建筑。在欧美等国家文化及国家经济发展的影响下，我国高校校园规划经历了分离、合并、迁移、扩建等演化调整之后，形成了现代的校园模式。尤其我国寒冷地区的校园建筑形态，校园用地由小变大，乃至出现超大型规模的校园，校园流线组织形式也随着校园规模扩展，从单一核心向多核心、多组团（多个学院组团）转变，同时校园建筑由单一功能、单体建筑形式，向着功能复合的校园组团或大型综合体发展，形成一个个可以自行运转的校园"细胞"或"细胞"组合体。

2.2.1 高校校园建筑规划的演化过程

20 世纪 80 年代中期，伴随改革开放的进行，中国对高校校园的建筑、规划理论进行专项引进和深入探讨研究。1984 年，《建筑学报》上刊登了罗森著的《国外大学校园规划》一文，这是中国建筑核心期刊上首次对国外校园进行介绍；1985 年，《建筑学报》上又刊登《我国大学校园规划与设计若干问题的探索》一文，则是首次刊登对中国大学校园规划的理论研讨。在 20 世纪 90 年代中国高校校园的规划形态期刊论文有《校园环境与校园规划》《校园扩建规划几题议》《高校校园建设跨世纪的思考》等。清华大学周逸湖（1994）等出版了《高等学校建筑规划与环境设计》，成为我国第一本系统论述大学校园规划设计的专著。

在此阶段，国外对大学校园规划研究，如美国建筑师理查德·P·Oober《校园规划》一书中提出校园应该坚持功能分区、控制校区规模、建筑结合自然的规划观念，与当时我国社会初步发展相符合，对城市的规划理念影响很大。

高校校园的建筑规划，与同时代的国家政治和经济发展是密不可分的。我国大学以 1949 年为节点，划分为中国高校的近代教育与现代教育。现代教育大致分为两大部分：第一部分是 1949~1992 年间，高校教育与校园建筑发展缓慢；第二部分是 1992 年至 21 世纪初，受国家经济发展的影响，高校教育与校园规模快速扩张，建筑规划理念也随之发生改变；2000 年以后，由于城镇工业污染而带来的生态和能源问题，促使新建校园的建筑低碳意识开始进入大学校园，绿色校园开始实施。[①]

2.2.1.1 1949~1992 年：高校教育与校园形态缓慢演化

1949~1992 年，国家教育发展经历了一个曲折的缓慢过程。1949~1957 年，属于高校接收和调整阶段，校园规划多是效仿苏联模式；1958~1977 年，国家教育开始正规化、大众化并行扩展；1978~1992 年，恢复国家高考，高等教育规模开始扩大。可见，不同的社会经济和教育发展，对于校园规划和建筑形态影响也不一样。

（1）1949~1957 年：仿苏联的街坊式校园更新

1949~1957 年，中国高校的数量变化不大，一直停留在 200 所左右。国家

---

① 注：本章节的大学校园数据均来自国家统计局数据库。

教育以小学招生（1000 万 ~1500 万左右）为主，大学招生量则非常少（为小学的 1%，中学的 5%），国家教育发展缓慢，大学校园的新建规划项目很少。这一现象到 1957 年才有很大转变，如图 2-10、图 2-11 所示。

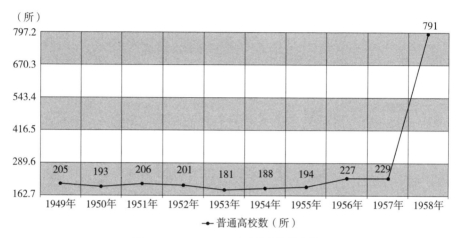

图 2-10　1949~1958 年普通高等学校数量

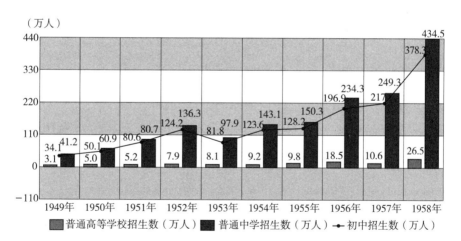

图 2-11　1949~1958 年普通高等学校招生人数

这一阶段的高校校园，处于传统书院模式与西方传统校园模式的更替时期。这一时期的大学校园建筑形态，处于社会主义计划经济体制下的现代高校教育模式下，充分体现国家意识与社会发展的作用。这一时期高校在校生规模相对稳定，主要是在苏联社会主义教育模板下，对现有高校进行专业整合和校园改造，建设了一批具有浓厚的苏联校园建筑模式的大学校园，例如哈尔滨工业大学、中国人民大学等。

在专业设置和教学体系上，这一时期的高校教育变化很大。1952年，依照苏联行业性建设模式，对很多综合型大学的院系进行了改造和调整：专业设置上明确学习方向，进行文、理类分科；结构体系上凸显学校特色，成立综合性或单一性院校；教学架构有清晰思路，实施"大学—系—教研组"为基础的教学管理模式、组织架构。这一系列改革，一直影响到现在的高校教育管理制度。

这时期院系调整，对于高校校园建筑的规划形态也产生了巨大影响。校园选址多选在市郊，或者靠近相关工业区位置；在校园建筑布局上采取严格的网格型空间布局，主轴线明确，校园入口设有大广场，底景为高耸的"工"字形大楼，突出社会主义和民族主题，主要建筑会成为城市的新地标；建筑沿路边（网格型道路）街坊式围合布置，"一系一楼"模式开始盛行，如图2-12所示。

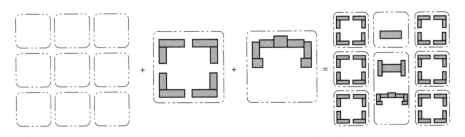

图2-12　苏联影响下的校园规划示意

这一阶段高校校园功能完善，成为了城市的缩影。教学、住宿、办公以及教职工居住、娱乐等基本完备的社会生活服务功能，被正式确定为大学校园必备的功能构成。大学校园建设不但在形态上与城市具有同构性，而且在功能上与城市开始走向重叠，真正成为具有特殊功能、固定社会构成的校园类微缩城市。但也因为学校人口规模小、校园占地相对不大以及生活节奏较慢，整个学校校园主要以功能分区清晰的教、宿等组团划分的模式存在，多核心规划布局模式很少，如图2-13所示。

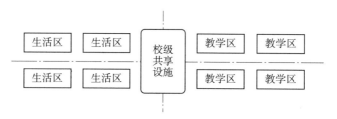

图 2-13　功能分区型高校布局示意图

（2）1958~1977 年：寻求中国道路的发展与徘徊

1958~1977 年，大学教学的组织架构没有改变，但在大学"正规化"教育的基础上拓展"大众化"教育。据统计，1958 年至 1960 年期间，我国各类高校数量增加了近 6 倍，在校生数增加了两倍多，是我国高校教育发展的一个突变期。1963 年至 1977 年，国家高校总数变化曲线开始变缓，但在校生快速减少，如图 2-14 所示。

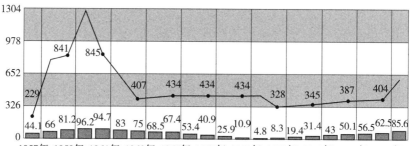

图 2-14　1957~1977 年普通高等学校数量及在校生人数

"大众化"教育的大学校园，是群众自发的自下而上的校园建设，属于半学习半实践的技术学习。这种"大众化"形式的大学校园，学习、生活都是围绕特定的生产劳动展开的，校园也就和工厂、公社、农场合为一体，这类校园无须特意建设；而"正规化"的大学校园，则与 1957 年前的规模变化不大。

这一时期的"正规化"校园规划，在"井格规划"基础上出现随意性。这一时期高校布局多在苏联"井格规划"模式的大规划基础上，以校园中央广场周边的交通主干道为基础，沿着主轴线向两侧带型化拓展，形成典型的一维尺度下的线型形态，与以前的棋盘形道路网、围边式建筑布局以及轴线型主广场的校园形态区别很大，主要校园建筑则在条状空间布局上穿插排布，形成不同的节点空间，街坊式围合布置不再存在，如图2-15所示。例如清华大学"白区"，在中央主楼与东门之间，以宽阔的景观绿植草坪为轴线，在主轴线的基础上道路向周围延展。

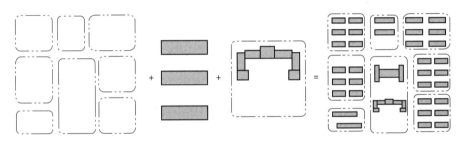

图2-15　1958~1977年校园规划布局示意

（3）1977~1992年：改革开放后的综合化校园

1978年4月召开的中国教育工作会议上，确定了将"实现现代化"确立为教育的主要目标，恢复国家统一高考制度、学位制度，高校规模迅速扩大。这些为社会主义由计划经济向市场经济体制过渡做好了铺垫，相应我国高校发展开启了全面改革。

随着经济发展实行"调整、改革、整顿、提高"方针，教育部全面实行多种形式办学，包括电视大学和广播大学、成人教育学院等成人办学机构。我国高校改革也开始朝着专业综合化的方向发展，告别1949年后过窄的专业设置。据统计，在校生人数，从1976年至1992年，增长了近四倍；高校总数，从1977年到1985年，不到十年时间就恢复和拓展了612所，如图2-16所示。

随着国家发展需求，科学研究进入高校校园。许多大学在教学之外，开始设置专业技术的研究所，引进科研结合理论的教学体系，扩充了现代大学的单一教学功能，学校建筑的科研功能或专一的科研楼开始出现。在课程设置上，20世纪80年代后期开始在大学内设置相对独立的二级学院，以学分制约束学

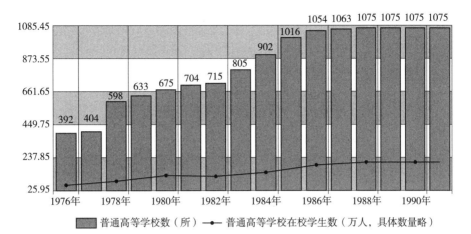

图 2-16 1976~1990 年普通高等学校数量及在校生人数

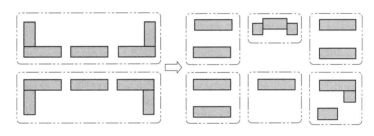

图 2-17 20 世纪 80 年代的校园规划布局示意

生学习成绩，加强了相关学科或学院的有机联系，使得多个相关学院或者多学科，走向组团或者综合建筑模式。

这一时期，校园建筑从院落式走向行列式布局，如图 2-17 所示。对于校园形态而言，这一阶段校园建筑类型开始丰富多样，校园教学行政群、学生宿舍群、体育活动群、科研试验群四大功能群落走向明确，而教职工生活区则开始从校园中分离出来，成为单独的家属区，脱离校园规划范畴；在校园规划上，打破了 1949 年以后单一的"一系一楼"以及机械的校园空间布局，出现现代校园多学院组团化建筑群，以及少量的校园综合体建筑，建筑体型上开始出现如不对称的空间形式，但是规划上却一直保持着明确的校园功能分区；在校园景观上，图书馆开始成为学校标志性建筑，并设置以主席雕像为主的主题广场；从"产、学、研"一体化的要求出发，使得教学建筑出现了综合化、群落化的发展布局，一改由镶边式围合布局走向单一的行列式布局，从院落空间走向结合条状布局的多层次设计空间。

2.2.1.2　1992 年至 21 世纪初：校园建筑形态的巨大变化

随着国家高校体制改革，1992 年提出高校教育的产业化、综合化、规模化发展。跨越式地扩大高校招生，高校校园规划发展也从合并、重组到另开辟新校区等形式，学校规模也从"一校一区""一校多区"到 2000 年以后整合的"特大型"综合校区，我国高校进入了快速扩张的轨道。

（1）1992~1999 年：高校扩招后的校园合并现象

20 世纪 90 年代初，国家提出"共建、调整、合作、合并"八字方针后，给高校校园规划带来了很大的变化，高校逐渐开始大量整合，走向综合化的校园规划道路。

随着高校合并和重组，很多城市里形成了同一机构多地办学现象，即"一校多区"；合并后学校变少，高层管理之间变得畅通无阻，使得每年接受大学教育的人数飞速增长，高校招生从 1992 年 75.4 万人，发展到 2000 年的220.61 万人（是 1992 年的 2.9 倍），如图 2-18 所示。国家或地方甚至对某些高校校园发展取消其规模限制，以扩大其在国内外的影响力，这种"招生扩大、学校减少"以及国家政策支持的现象，为以后的教育产业化乃至校园规模扩张提供了可能。

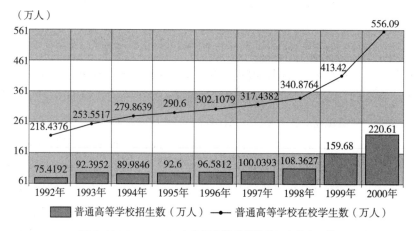

图 2-18　1992~2000 年普通高等学校数量及在校生人数

合并重组实施的结果，弊利兼存。重组合并，扩大招生，会出现师生规模巨大、行政人员分帮分派、校园多地管理困难等难以统一的问题，这些成为各高校管理者急需解决的问题。但在学校规划上来说，会给学校教育整体实现专业互补和资源完善，有助于更好地完成教学任务。例如 20 世纪 90 年代后期，仅石家庄市的河北省骨干院校就出现了大量的合并与重组现象，如表 2-2 所示。

河北省骨干院校的合并与重组　　　　　表 2-2

时间	合并高校	整合后的名称	城市
1996 年	河北师范大学（原有） 河北教育学院 河北职业技术师范学院 河北师范学院	河北师范大学	石家庄市
1996 年	河北轻化工学院 河北机电学院 河北省纺织职工大学 河北纺织工业学校（2002 年并入）	河北科技大学	石家庄市
1995 年	河北财经学院 河北经贸学院 河北商业高等专科学校 河北财经学校（1998 年并入） 河北商业学校（2000 年并入） 河北电子工业学校（2002 年并入）	河北经贸大学	石家庄市
1995 年	河北医学院 河北中医学院（2013 分出） 石家庄医学高等专科学校 原石家庄卫生学校（2009 年并入）	河北医科大学	石家庄市

这一时期的高校校园规划，主要是在高校管理体制上的合并、教学和专业教育的院系重组以及教学单位划拨调整，而对于校园规划来说主要是适当地进行拆建和补充建设，老校园整体变化较少。但因为这些高校校园多处于老城区，这些高校之间的重组与合并，就给高校扩张带了巨大的经济原动力，这些位于城市中心"黄金地带"的老校区土地，为下一步大学新校区的迅速整合、土地置换建设提供了重大的资金支持。

（2）21 世纪初至今：大型校园以及校园综合体的出现

1999 年，我国高校迎来了跨越式的教育发展。大学的教育产业化，使中国高校教育开始走向大众化阶段，校园扩张、专业细化等一系列变革，使与之相应大学格局与校园形态发生了前所未有的变化。

　　据国家数据年度统计，在高校数量上，2001年至2011年，我国高校数量增长近2倍；在高校在校生人数上，2015年普通高校在校生人数是2000年的4.78倍，这是不符合比例的发展，可见2000年以后的10年里，原有的校园基础设施是远不能满足需求的，特大型的大学校园规划和建设，是一个必然的发展过程，如图2-19所示。

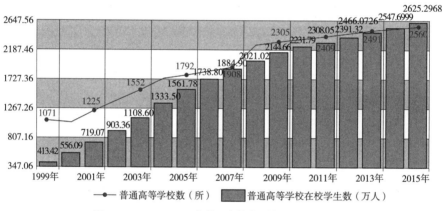

图2-19　1999~2015年普通高等学校数量及在校生人数

　　同时，教育产业化引导了校园的发展速度。1999年，国家提出"扩大内需、拉动经济"，据原国家计划委员会测算："1999年高校扩招48万人，会带动国民经济支出130亿元，而扩招需要教学楼、宿舍、食堂等基本建设投入，大约516.6亿元的总产出"。即教育产业化也引导了现代高校的校园扩建。

　　这一阶段的校园扩建，使大规模的校园大量出现。高校校园与城市发展在新的互动下，开始以各种模式扩建校园，包括高校合并、创建"附属学院"或民办学院、异地分校、与企业共建研究基地等形式。在学校发展规模上，出现了跨越式发展：老校合并与置换、老校开发与再扩展、大学城建设等，而2000年以后主要以再辟分校、弃老校建新校或者组建大学城等模式。这一切使得高校校园开始大规模建设，朝着"特大型"校园的建设方向发展——综合化、规模化校园出现，万人规模的大型新建校园充满了大中型城市。

低密度、集约型校园与大规模生态景观的耦合出现。在学校规模上，高校经历了跨越式的发展，独立的新校区从一开始就具有 2000~4000 亩（133.3~266.6 万 m^2）的"特大"型校园规模。这些大规模高校校园内的教学、科研、生活、住宿等建筑布局自由，促使建筑物乃至校园外部空间的尺度较以往成倍地增加。同时，这一时期伴随着城镇污染严重、资源紧缺，绿色校园和低碳建筑成为校园发展的重要主题。许多校园开始结合大面积的绿色廊道、生态景观，设置自然景观林、生态水系等大规模的生态保护，形成紧凑型的低密度规划布局，以提供健康宜人的大学校园生活环境。

这样一来，校园规划也就从规整的行列式布局，向着紧凑型分散布局的校园形态发展，即"建筑组团或综合体 + 大规模的生态环境"的规划模式，成为21 世纪高校校园空间形态的第一特征，如图 2-20 所示。

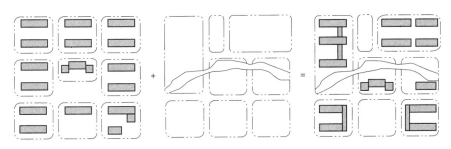

图 2-20　2000 年后的校园规划布局示意

2.2.1.3　典型高校的校园发展梳理

河北工业大学，始建于 1903 年，初名为北洋工艺学堂，现位于天津市红桥区和北辰区等校区办学。自 1949 年以后，河北工业大学与全国高校一样，在招生办学和校园规划上发生了很大的变化。

（1）1949 年以后不同阶段的学校发展

1951 年，中央人民政府对天津高校进行院系调整，河北工学院与北洋大学合并成立天津大学，办学校址从丁字沽迁往南开区七里台。1958 年，恢复重建河北工学院，学校返回丁字沽校区，以后两年一直为校区迁址问题徘徊。1965 年，在正规化教育的基础上，列入半工半读教育高校，向着大众化教育模式发展。1978 年，国家恢复了高考制度，高等教育规模迅速扩大。

随着 1992 年国家教育体制改革，河北工学院设立廊坊分院。1996 年，河北工业大学成为 211 重点工程大学，丁字沽老校三区总面积 500 亩（33.3 万 m²）左右，开始了高校教育的产业化、综合化、规模化发展。2004 年，开始建设北辰双口镇校区。2006 年以后大部分师生逐步调整至新校区，南院改为城市学院教学用地，逐步走向"一校一区"管理模式。

（2）新校区建筑的综合体模式特点

北辰校区，校园占地约 2500 亩（166.5 万 m²），组团或综合体形态的规划模式特点显著。北辰校区以"功能"为单位，对整个校园进行用地模块划分，以大面积的生态景观作为校园中心，设立"办公区—图书馆—体育场"南北主轴线，在轴线两侧以住宿、教学或办公综合体的建筑形式，布置教学区、景观区、宿舍区等低密度集约式的"井格"规划，职工生活区在西侧位置，整体校园环境优美，如图 2-21 所示。

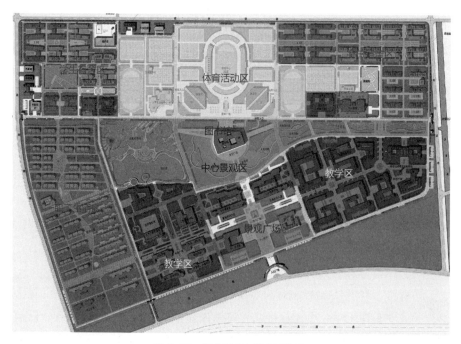

图 2-21　河北工业大学北辰校区

2.2.2　典型校园综合体的发展现状

20 世纪 90 年代初，周逸湖（1994）等借鉴欧美等国家的校园规划理论，在其校园规划论著中对现代大学形态的基本组织模式进行了总结归纳：包括有单一核心型校园、多中心结构校园、街道式校园、格网型校园四种模式。

随着社会经济发展，20 世纪末的校园进行了合并与重组，"一校多区""大学园区"等办学模式开始出现。同时，教育产业化和综合大学不断提升，北方地区高校的在校生人数增加很快，普遍达到万人以上，高时达 3.0~5.0 万人，一个庞大规模的校园建设开始出现。

1992~2004 年，原建设部、教育部连续下发《关于批准发布〈普通高等学校建筑规划面积指标〉的通知》（建标〔1992〕245 号）、《教育部关于印发〈普通高等学校基本办学条件指标（试行）〉的通知》（教发〔2004〕2 号），规定高校学校生均占地指标按 54~59m² 计算（除了体育、艺术类以外）。2013 年发行的《绿色校园评价标准》CSUS/GBC 04-2013 中大学校园用地指标普通高等学校生均一般为 47m²（中心城区以外）。按照以上指标计算，这些万人大学的校园规模都达到 705 亩（47 万 m²）以上（校园规模按 2017 年《建筑设计资料集（第三版）》），如表 2-3 所示。

高校校园规划规模分类　　　　　　　　　表 2-3

规范要求	生均指标	1.0 万人（大型规模）	3.0 万人（特大型规模）
《普通高学基本办学条件指标》（试行）	54m²	810 亩	2460 亩
《绿色校园评价标准》CSUS/GBC 04-2013	47m²	705 亩	2120 亩

这样一来，市区内的老校区多数已经不能满足教学用地要求，致使很多市区高校选择了在郊区建设新校区，我国校园步入大型或者"特大型"的校园规模时代。

针对寒冷地区气候特点，以及现代高校校园人群的生活习性，对京津冀周围的校园空间形态进行了调研，发现多数高校校园规划形态有"多中心模式"和"组团式聚集"的规划设计特点，如图 2-22 所示。

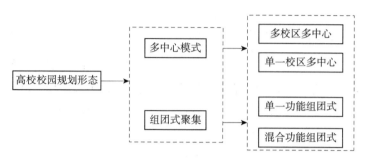

图 2-22　高校校园规划形态分类

2.2.2.1　多中心模式

20 世纪 90 年代至今，我国高校在政策引导下大量扩招，校园的占地规模迅速扩大。以独立运转的校园"中心"单元来看，在校园规划上可以分为：多校区多中心或单一校区多中心模式。

（1）多校区多中心

20 世纪末，各大城市主要是整合与合并、重组各类学院（分校），校园规模出现了"蛙跳式"的空间扩展。校园合并前，校区内建筑、教学院系都是一个可以独立运转的单元；校园合并之后，多个校内教学资源会按照合理的地块规模、在校生数量和地理位置，在原来校园的基础上，以原有校区为中心，进行二次优化配置，形成独立运转的院系机构（或分校），最终形成一总校为主，多分校独立教学的管理模式，即多校区多中心校园模式。

这种多校区多中心的校园模式，校园面积和在校生人数扩大，可以提高办学规模和学校知名度，但也会为学校管理带来历史遗留问题。例如，20 世纪末的南开大学、河北经贸大学、河北联合大学等高校，经过合并、重组形成了独立运转、统一管理的多校区多中心模式，这样的老校区多以单体的形式改扩建。

（2）单一校区多中心

单一校区的多中心模式，适用于现代大型校园。20 世纪的老校园在校生较少，多是几百亩的校园规模，随着校园招生的扩招，大型、特大型规模校园已经出现，步行已经无法满足校内的交通联系，提供校园服务的建筑和交通设施也无法提供便捷高效的教学生活，分期、分区、分块（多中心）的设计模式开始出现。

再者，20 世纪末，以"院系—专业"为教学单位的建筑空间规划，有着西方"学院型"大学建筑形态特征：小型化校园、向心式成长。同时，出现教学、办公、食宿等组成的校园联合体，或者校园的学术交流中心和住宿餐饮、娱乐中心出现叠加并置，形成配套完善的会议中心模式。以上这些建筑群体分别成独立组团的建筑模式出现，有利于分期、分区、分块的集中建设，例如学院组团中心、对外学术会议中心、科技产业孵化中心等，形成相近功能组合的校园交流空间，即多功能的综合体建筑模式。

（3）相关案例

很多校园都经历了合并和新校区建设阶段，同时具有多校区多中心及单一校区多中心模式。例如，河北师范大学源于 1902 年的北洋女师范学堂，1996 年原河北师范大学等四校合并，组建新的河北师范大学，对各校区功能进行整合和调整：主校区为河北师范大学老校区，变化不大；西校区东院（原河北师范学院）2000 年以后成立河北师范大学汇华学院（独立学院）；西校区西院为其附属实验中学高中部。2000 年，新校区全面建设，校园土地重组。新校区占地 1829 亩（122.0 万 m^2），规划总建筑面积 84.39 万 m^2，容纳学生规模 30000 人。除了保留部分西校区（汇华学院）外，其他部分 2011 年全部迁入南二环校区。

新校区规划设计在"以人为本"的基础上，形成单一校区多中心规划设计布局，如图 2-23 所示。整个新校区以步行交通的尺度，采用方格网的道路布局，将相近学科单位组成建筑组团（或校园综合体），使学校资源利用达到最佳优化和最大共享。例如，院系教学及办公（科研）主要以文科教学综合体、理科教学综合体、公共教学综合体为主；学生宿舍区分为南侧的崇实园、诚朴园以及西侧的启智园（各配食堂）两个组团区域，半环抱教学区；体育活动场分为西南角和东北角（结合体育学院）的两组体育场，在适当的服务半径区域内均匀布置；图书馆、博物馆、大学生活动中心成为一组共享建筑群；这一系列的规划设计，主要是以多组建筑（以连廊）形成校园综合体的模式，构建现代校园"多中心"的教学管理模式。

整个校园功能流线高效便捷。各功能之间相互联系、教育功能相对独立、缓解校区交通压力、疏散密集人员流动、缩短活动半径等功能设计，使各区构成良好的流线关系。校园生态景观、建筑组团向校区内外开放，各大功能群、生态环境对校园教学环境实现均好性服务。

图 2-23　河北师范大学新校区平面示意

2.2.2.2　组团式聚集

在大规模的新校区规划中，功能分区和交通是主要问题。在校园的组团（或综合体）规划中，单体的聚集形式不外乎两种：单一功能组团式和混合功能组团式。

（1）单一功能组团式

在中小型规模的校园规划时，为便于高校对学生的统一管理工作，往往把同类功能的建筑，如宿舍、教学楼、办公楼等某一类功能的建筑布置在一个区域，周围再配以学生活动场地、餐饮中心、商业街以及相关的建筑设备或能源辅助供应等辅助设施，形成一个局部功能相对完善的校园规划。相对于学校整体规划来说，以某种单一功能为中心成组布局，成为一个高密度的建筑"组团"，如图 2-24 所示。例如，河北工业大学北辰校区的东区、西区宿舍组团，河北师范大学南校区轴线上各个组团，为方便联系和管理，多以 2~3 栋建筑用连廊模式联系在一起，形成单一功能的特殊建筑综合体。

（2）混合功能组团式

对于寒冷地区新建的大型、特大型校园，功能流线对于人的体能、交通距离与大规模用地之间的呼应关系是个大问题。为了快速便捷的教学活动，将教学科研、生活餐饮以及体育活动等功能混合在一个小范围的建筑组团之中，可以起到良好的教学运转作用。

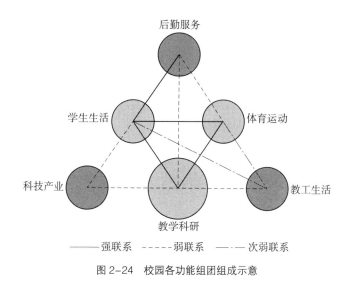

—— 强联系　----- 弱联系　—·— 次弱联系

图 2-24　校园各功能组团组成示意

作为现代城市发展的一部分，高校校园就是个独立的"微"社会。随着高校的学科综合化、规模化发展，校园规划中以"学院"或相近的院系为基本单元，将一个或多个"学院"合并为一个大型组团。大型组团有学院级的教学楼、办公（或科研）楼、宿舍组团（包括食堂）以及图书分馆、体育活动设施等校园生活组成的基本元素，形成大型校园内的小型学校。

这种"混合"功能的组团聚集，组团可以独立运转、有自己的相对完整性，不干扰其他组团空间的正常活动，如图 2-25 所示。这种"混合"功能的组团之间利用连廊连接，作为一个大学的基本组成单位，以建筑群体或建筑综合体的模式出现，以最小的交通出行和功能组合，形成学生最小范围的校园生活圈。例如天津大学津南校区、南开大学津南校区、华北理工大学曹妃甸校区等，其分为共享功能组团和平行功能组团，校内的各个组团，以模块形式自由组合，亦可独立运转。而组团内部又相互联系，以大型基座或连廊联系在一起，形成建筑综合体。

（3）相关案例

寒冷地区大型、特大型规模的校园规划中，以学院级组团的规划模式居多。南开大学，主要包括八里台校区和津南校区，共占地面积 455.69 万 m²。其津南校区，位于天津市津南区"海河教育园"内，占地 245.89 万 m²，按"一次规划、分期建设"的模式实施，预留适度的发展空间，规划设计学生规模

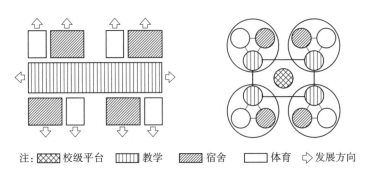

注: ▨ 校级平台　▥ 教学　▨ 宿舍　▢ 体育　⇨ 发展方向

图 2-25　校园混合功能组团模式

37000人，建筑与绿化、水系环抱融合在一起，属于绿色"花园式"校园。

津南校区规划设计，充分体现了现代教育"组团"模式的管理理念。校园规划以公共建筑和绿化景观为轴线，以院系组团作为基本单元，组织校园功能布局。津南校区以大学行政楼、图书馆、本科生公共教学楼、实验楼和体育馆等公共资源依次坐落在南北轴线上，而在东西轴线上布置了南开讲堂、博物馆、马蹄湖等历史文化建设及自然景观，通过调整南北轴线位置以及部分景观，将整个学校划分为四大区、九个组团（包括一个共享组团），使空间布局更为对称与均衡，组团规划模式很明显，如图2-26所示。

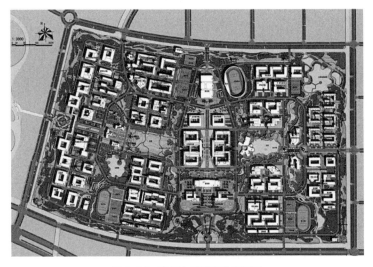

图 2-26　南开大学津南校区平面

2.3 寒冷地区校园的建筑能源利用与调研

2.3.1 传统校园建筑的节能发展

高校人员高度集中，属于能源使用大户，运行成本很高。江亿等在《中国建筑节能路线图》（2015）中提到：2010 年我国能源消耗已经达到了 32.5 亿 tce，其中建筑能源消耗 6.77 亿 tce，远远超过《2020 中国可持续能源情景》一书预测建筑能耗在 4.7 亿 ~6.4 亿 tce 的目标。虽然很多高校已经安装了能耗智能监测、监控系统平台，但实际采用绿色建筑设计、施工以及监控运行的较少。

对于高校来说，校园建筑节能在国家节能政策下逐步改进和提升设计。从 1986 年国家关注到城镇环境污染严重，着手第一步 30% 建筑节能，30 多年来，我国已经实现"三步走"的建筑节能战略目标。随着新型城镇化以及近年来的大型校园建设，截至 2016 年，我国高等院校各类在校生达到 3600 万人，高等院校建筑总面积约 13 亿 m^2，快速的校园建设带来了巨大的建筑能耗问题，建筑节能工作亟须快速推进。

2.3.1.1 校园建筑的节能发展

20 世纪 70 年代，发达国家开始把建筑节能列为国家能源发展的重点。据统计，全球居住建筑和公共建筑能耗约占全球总能耗的 36%。为了降低建筑能耗，实现校园环境可持续发展，更好地改善建筑环境与自然环境的关系，现代校园作为城镇的微型社会，建筑节能理念逐渐兴起。

国外建筑节能工作开始的比较早。20 世纪 70 年代末 80 年代初，美国能源危机促使美国政府开始实施能源效率标准，以约束能源过度开发和提高能源利用效率。建筑能耗占社会总能耗比例最大，自然成为能源政策关注的重中之重。美国建筑节能发展模式从政府工程做起，早在 1999 年美国政府就规定：到 2010 年建筑能耗应比 1985 年减少 35%；新建建筑必须满足"能源之星"标识，或采用领先同类建筑能效 25% 及以上的节能技术产品。

1997 年《京都议定书》以后，欧盟国家承诺：在 2008~2012 年间，其温室气体排放比 1990 年减少 5%；为此各国对建筑能耗和二氧化碳排放都做出了相关规定。为了提高建筑物的能源利用效率，欧盟在 2002 年颁布了法案《Energy Performance of Buildings Directive》，作为欧洲各成员国在建筑能源利用方面主要的遵循。

2010 年 2 月，欧盟出台《近零能耗建筑计划》，对于新建居住建筑，欧洲的平均能耗要求在 80~150kWh/（$m^2 \cdot a$），在某种程度上来说，均接近 50kWh/（$m^2 \cdot a$）的能耗水平。以德国为例，自 20 世纪 80 年代开始，德国建筑节能一直逐步推进。30 多年来，尤其示范项目的建筑能耗，从高于 200kWh/（$m^2 \cdot a$）下降至负能耗；统一最低采暖能耗标准从 1977 年颁布的第一部保温法规到 2014 年进一步修改的建筑节能条例（EnEV），共经历了六个阶段，其能耗标准下降至 30kWh/（$m^2 \cdot a$），正在不断接近示范项目的能耗水平，如表 2-4 所示。

德国建筑节能条例发展 表 2-4

标准年份	1977	1984	1995	2002	2009	2014
采暖能耗需求限值 [kWh/（$m^2 \cdot a$）]	220	190	140	70	50	30

我国根据各地地域气候不同，建筑节能启动时间和工作推动进程也有所区别。借鉴发达国家建筑节能指标，国家提出建筑节能"三步走"战略，如图 2-27 所示：第一阶段自 1986 年起，在 1980~1981 年当地通用住宅设计能耗水平的基础上，新建采暖居住建筑能耗降低 30%；第二阶段自 1996 年起，在达到第一阶段基础上再节能 30%，合计节能率约为 50%；第三阶段自 2005 年起，在达到第二阶段基础上节能率达 65%。

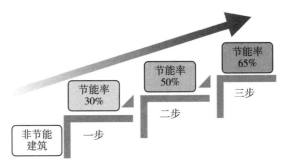

图 2-27　我国建筑节能"三步走"战略

（1）第一阶段

我国建筑节能从北方开始，1986 年发布《民用建筑节能设计标准（采暖居住建筑部分）》JGJ 25—1986。节能目标是在当地 1980~1981 年住宅通用设计能耗水平的基础上采暖能耗减少 30%。其中节能 30%主要通过加强围护结构的保温、门窗的气密性以及提高采暖系统的运行效率来实现。

此标准主要适用于集中采暖的新建和扩建居住建筑以及居住区供热系统的节能设计，对于校园公共建筑不适合。

（2）第二阶段

1995 年发布《民用建筑节能设计标准》JGJ 25—1995，节能目标是在当地 1980~1981 年住宅通用设计能耗水平的基础上采暖能耗减少 50%。后来陆续制定的夏热冬冷地区居住建筑节能设计标准包括《金属与石材幕墙工程技术规范（附条文说明）》JGJ 133—2001、《夏热冬暖地区居住建筑节能设计标准（附条文说明）》JGJ 75—2003 以及《公共建筑节能设计标准》GB 50189—2005 等均规定节能率为 50%，已从北方采暖建筑扩大到全国建筑。各类公共建筑的节能设计，除采暖外还要提高通风、空调和照明系统的能源利用效率，总能耗降低 50%。这个阶段，开始真正重视建筑节能是否满足节能标准。

此类标准从北方集中采暖的新建和扩建居住建筑的建筑热工与采暖节能设计推广到各类建筑，适合于本书中寒冷地区校园的居住和公共建筑节能设计。

（3）第三阶段

2005 年，原建设部发布《关于发展节能省地型住宅和公共建筑的指导意见》（建科〔2005〕78 号）要求：新建建筑到 2010 年，全国城镇实现节能 50%；到 2020 年，经济发达地区和特大城市实现节能 65%的目标，同时既有建筑陆续进行改造升级。居住建筑目前执行《严寒和寒冷地区居住建筑节能设计标准》JGJ 26—2018、《夏热冬冷地区居住建筑节能设计标准》JGJ 134—2010。公共建筑执行的节能标准为《公共建筑节能设计标准》GB 50189—2015，等均规定节能率为 65%。以建筑节能专用标准为核心的独立建筑节能标准体系已经形成，实现了对包括校园建筑在内的民用建筑领域的全面覆盖。

同时，国家出台了以建筑能耗数据为核心的《民用建筑能耗标准》GB/T 51161—2016，这一标准使得居住建筑和公共建筑节能开始真正体现能耗量化设计，标志着现代校园建筑能源利用工作也开始进入能耗计量时代。

2.3.1.2　典型校园的建筑节能情况

2015~2016 年，河北省住房和城乡建设厅发布的节能规范，如《居住建筑节能设计标准（节能 75%）》DB13（J）185–2015 以及《公共建筑节能设计标准》DB13（J）81–2016，开始执行居住建筑第四步 75% 节能要求，公共建筑三步 65% 节能要求。以下是位于河北省的石家庄铁道大学基础教学楼（校园建筑的外墙、外窗、屋顶等围护结构）节能设计做法，如表 2–5、表 2–6 所示：

围护结构做法表　　　　　　　　　　　　　　　　　　表 2–5

构件名称	构件构造
外墙	水泥砂浆（20mm）+ 加气混凝土（B06）（250mm）+ 水泥砂浆（20mm）+ 聚苯板（30mm）+ 厚环氧树脂面板（5mm）
屋顶	面砖（10mm）+ 水泥砂浆（25mm）+ 聚乙烯薄膜（0.15mm）+ 高聚物改性沥青防水卷材（6mm）+ 水泥砂浆（20mm）+ 聚苯板（85mm）+ 水泥砂浆（20mm）+ 钢筋混凝土（120mm）
外窗	断桥铝合金框 + 中空（6+12+6）玻璃窗，南向外窗传热系数 1.9W/（m²·K），玻璃遮阳系数 0.50，北向外窗传热系数 2.3W/（m²·K），东西向外窗传热系数 2.8W/（m²·K）

围护结构热工参数对比表　　　　　　　　　　　　　　表 2–6

构件名称		设计建筑热工参数	参照建筑热工参数
屋顶		K =0.482W/（m²·K）	K=0.55W/（m²·K）
外墙		K =0.55W/（m²·K）	K=0.6W/（m²·K）
非采暖房间隔墙或楼板		K =1.12W/（m²·K）	K=1.5W/（m²·K）
外窗	东向	K=2.8W/（m²·K），SC=0.50	K=3W/（m²·K）
	西向	K=2.8W/（m²·K），SC=0.50	K=3W/（m²·K）
	南向	K=1.9W/（m²·K），SC=0.50	K=2W/（m²·K）
	北向	K=2.3W/（m²·K），SC=0.50	K=2.3W/（m²·K）

2.3.2　校园建筑的新能源利用与调研

高校校园用能是大中型城镇能耗的重要组成之一。全国校园拥有大规模的师生人群和建筑设施、科研设施，校园人均能耗、水耗均高于城镇居民平均水平。经过调研，全国 3000 多个高校校园，建筑和科研设施成为校园的能耗重点，其中综合型大学校园每年的能耗大多在万吨标煤，可谓能耗大户。

国家从开始提倡的节约型示范校园，到创建更深层的现代绿色校园。在全球应对气候变化以及我国建设节约型、友好型国家的政策指引下，节约型校园逐步向低能耗的绿色校园发展，建筑节能工作不断推进。至今，节约型示范校园已覆盖我国所有的部属院校，并带动地方院校纳入到示范校园建设，绿色校园的全面建设已经开始。

2.3.2.1 校园建筑的新能源利用情况

校园建筑节能是绿色校园建设的重要内容。在国家节约型校园的各地校园监管平台体系和校园节能专项的相关激励下，谭洪卫针对部分高校的绿色设计开展了校园节能改造和节能专项调研，如表 2-7 所示，列出了各高校采用的各项能源资源节约技术，常用技术有太阳能资源、地热资源以及照明改造、节水器具等，而既有建筑改造和暖通空调优化控制两项，因为投资回收期比较长而采用较少。

各学校能源资源节约技术列表　　　　　　　　　　　　表 2-7

	学校	地源热泵	热泵热水器	光热	光伏	照明改造	建筑改造	暖通空调优化	水处理/中水	节水器具
示范高校	理工类 A 校		√	√		√	√	√		√
	理工类 B 校	√		√	√		√	√	√	
	理工类 C 校			√	√	√		√		√
	师范类 A 校	√		√				√		√
	综合类 A 校			√	√				√	
	综合类 B 校	√	√					√		√
普通高校	综合类 C 校	√								√
	综合类 D 校			√	√					
	师范类 B 校	√								√
	文史类 A 校	√			√			√	√	

（1）太阳能建筑的利用途径

太阳能热水系统属于使用最早、技术最成熟的太阳能利用方案。利用建筑上安装的太阳能集热设备集热，加热集热器管道中的水，然后储存在水箱中以备早晚使用。太阳能与建筑一体化的安装方式灵活，可以布置在屋面、棚架、地面，甚至是可以接受太阳辐射的建筑外墙面。校园建筑的生活热水可以采用太阳能热水系统生产。

根据北方地区气候和太阳能集热特点，一般安装在校园建筑中"低层、大面积的平屋面"，如食堂、宿舍等建筑屋顶、栏板，校园的大面积空地也可以架空安排太阳能集热装置。在建筑屋顶设计时可考虑布置集热器一体化做法，把集热器和屋顶一体施工安装，如图2-28所示。

图2-28　太阳能集热器布置图

太阳能光伏发电是利用太阳能光伏电池接收太阳光辐射能，使光能转变成电能。一般的光伏发电采用单多晶硅太阳能光伏电池，光电转换率为15%左右，而太阳能薄膜电池CuInxGa（1-x）Se2（以下简称"CIGS"），由Cu、In、Ga、Se等元素构成，光吸收能力强（比同级的晶硅电池每天可多产10%~20%电量），发电稳定性好（可避免热斑现象，维护费用较低）、转化效率可高达18.72%，根据National Renewable Energy Labs实验室公布CIGS最高转换效率为21.7%（部分数据来源：汉能光伏内部资料）。对于学校的光伏发电，可以选择并网型发电，对外采取全额上网、自发自用余电上网或全部自用等几种形式，降低校园建筑整体能耗。

具体的安装形式，可以和太阳能集热设备一致，或者结合功能一体化设计。利用形式有地面安装光伏、屋顶安装光伏等光伏建筑一体化，以及利用太阳能的停车棚、路灯（风光互补路灯）、草坪灯、杀虫灯等形式。

　　近年来，国家能源局对太阳能利用进行推广，2017~2018 年开始对分布式光伏进行规范和控制。2018 年 4 月发布《分布式光伏发电项目管理办法（征求意见稿）》，对光伏扶贫电站和户式分布式光伏以外的分布式光伏建设进行严格限制，国家通过鼓励市场化交易，逐渐降低补贴数额，到 2020 年基本取消国家补贴。

　　由于寒冷地区学校寒暑假学生离校，建筑用电很少，且学校电价相对便宜，致使太阳能光伏自发自用的效益不高，可以考虑引进能源公司投资统一管理。

　　（2）地热资源利用

　　地热资源按温度可分为高温、中温和低温三类。温度 25~90℃的地热则以温水（25~40℃）、温热水（40~60℃）、热水（60~90℃）为主，属于低温地热。华北地区多属于中低温地热田，地热作为地下储存的热量，对于煤炭节约巨大。

　　对于浅层地热能的利用一般分为土壤源热泵和地下水源热泵两种，华北地区多是土壤源热泵。

　　土壤源热泵是采用地下埋管换热器的地源热泵技术系统，就是在地下埋设的管道与热泵机组形成闭式环路,进行供暖供热的能源交换。特点是清洁环保、高效节能。其使用条件在于用能的建筑附近需要有足够开阔的埋管区域，地下的钻孔岩土体硬度足够。地源热泵系统在很多北方院校已经采用，运行稳定，对于校园是非常可行的。

　　地下水源热泵是以地下水为低位热源，在当地资源管理部门允许的情况下，进行由地下低位能向高位能的冷热量转移，实现供热或供冷的目的，如图 2-29 所示。华北地区为水资源匮乏地区，人均水资源量小，多年以来超采严重。同时，北方寒冷地区的平均年降水量少，地表水少。因此不建议使用采用地下水源热泵。

2.3.2.2　典型校园的新能源利用调研

　　石家庄铁道大学老校区，位于石家庄市北二环，属于寒冷地区，校区占地 600 余亩（约 40.0 万 m²）。近 20 多年来，在校生由原来的 4000 人规模发展到 2 万人左右的规模，（老校区）已经超负荷运转。在校园建筑的能源利用方面，夏季空调主要以电力为主，冬季供暖以蒸汽为主，仅少数建筑采取可再生能源，例如临时浴室采取了太阳能热水系统、基础教学楼采取了地源热泵供热技术和

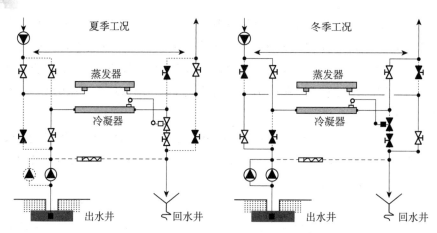

图 2-29　水源热泵系统示意图

光伏利用技术。

（1）临时洗浴中心：以太阳能为主的多能源热水供给系统

因旧建筑改造，2014 年新建临时浴室 705.25m² （属于临时过渡用房），校园要求提供 220 个自动洗浴喷头。临时浴室按照每人每日洗浴用热水 50L 计，要求每天满足 3000~5000 人洗浴，系统需要日生产热水 250t（45℃）。供水部分采用变频供水方式，一方面保证系统中各个用水点压力稳定，另一方面确保"一开水龙头，就有热水"。

浴室能源系统以"太阳能热水系统为主、常规能源为辅"。即以太阳能光热转换为主，考虑到气候变化，热水系统设有辅助加热功能，夏天选用燃气锅炉作为辅助能源，冬天选用校区换热站蒸汽作为辅助能源，在阴雨天气下，太阳能产热水不足时，使用辅助能源加热，保证每天洗浴用热水量。

该项目太阳能集热器分布结合校园建筑规划布局。集热器安装位置，选取"距离较近、楼层较低、没有阳光遮挡"的校园建筑，如工程楼、9 号实验楼、泵房楼 3 栋建筑的楼顶，共按照集热器的分布分为 3 个独立子循环系统，设置 3 台屋顶集热水箱，每个小系统单独设置一套控制器，该控制器可控制小系统集热循环，系统设置有自动防冻、系统上水，如图 2-30 所示。在学校的建筑屋顶，设计安装 LPC47-1560 型太阳能真空管集热器，每组集热器配给 60 支 47mm×1500mm 真空管，每组集热器面积 7.5m²，共设计安装集热器 427 组，太阳能集热面积共计 3202.5m²。

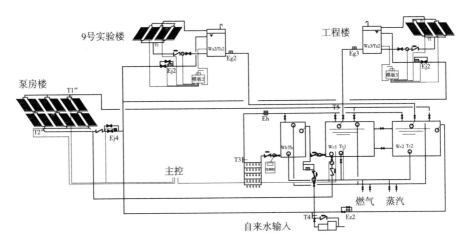

图 2-30　浴室能源系统原理图

（2）基础教学楼：以地源热泵技术为主的供能系统

基础教学楼位于石家庄市北二环校园内，建筑主体高度为 81.0m，总建筑面积为 4.9 万 m^2，地上 19 层，地下 2 层（设备用房和车库），地上 1~6 层为公共教室，7~18 层为各学院专用教室，周边环境状况良好，项目于 2017 年获得全国绿色建筑创新奖。项目全年室外干球温度最低月份分布在 1 月和 2 月，最低温度 -13℃，全年室外干球温度最高月份分布在 6 月、7 月、8 月，最高温度出现在 7 月中下旬达 40℃。为了给学生营造健康良好的学习环境，采用空调系统夏季制冷、冬季供暖，以浅层地埋管特色的校园地源热泵系统，提供建筑物的冷热能源供应。

基础教学楼冷热源采用浅层地源热泵系统：按照校园现有建筑规划以及建筑项目周围环境，结合浅层地源热泵系统的室外埋管布局特点，在建筑西侧花园和北侧广场按照一定间距打井，布置建筑室外的冷热源采集场地，如图 2-31 所示。项目空调冷热源制冷机房设于地下二层，夏季为建筑提供 7~12℃冷冻水，冬季提供 40~45℃热水。建筑室内的冷暖空调系统，风机盘管采用卧式暗装，采用侧送风和顶送风两种形式。经过一年时间的数据实测，夏季制冷性能系数为 5.30，并且经过土壤热平衡分析，项目年均土壤总取热量为 637795kW，年均向土壤总排热量为 700557kW，两者基本上相差 8.97% 左右。对于基础教学楼来说，采用地源热泵系统是一项低碳环保的节能技术（表 2-8）。

图2-31 基础教学楼效果及地源热泵系统施工照片

地埋管土壤源热泵开采资源概算 表2-8

内容 季节	钻换热孔数	地埋管孔深	浅层地热可开采量	冷热负荷指标	可供空调面积
夏季	2920 个	100m	13140kW	$100W/m^2$	10.51 万 m^2
冬季	2920 个	100m	10220kW	$35W/m^2$	23.36 万 m^2

另外，在基础教学楼六层裙楼的建筑屋顶，安装了河北英利集团资助的150m²平板光伏以及聚光等各种晶硅光伏电池，用于校园的专业教学及光伏性能测试，收集的太阳能供相关院系实验室的教学及科研之用，在这里不作考虑。

2.3.3 绿色校园的提出与发展

2.3.3.1 绿色校园的建筑发展情况

近20多年来，我国现代校园一直处在学生扩招、规模扩大和超标准建设之中，致使校园建设呈现"井喷"之势，受到学术界及政府相关部门的高度关注。对于校园的节能建设问题，原国家环境保护局、原国家教育委员会、中宣部在1996年联合提出"创建'绿色学校'活动"。2005年，教育部全面展开节约型校园建设，提出21世纪的中国大学校园绿色建设理念，其核心是树立可持续发展理念。但是这些措施大都停留在绿色理念的倡导层面。

随着城镇环境污染，高校进行特大型校园建设，需要可持续的政策引导和约束，尤其在高校合并、重组与新校区建设中。1996 年，国家首次提出"绿色校园"的概念，推进现代高校校园走可持续性的发展道路。此后，国家多部门提出约束性文件，如"绿色校园"及评估措施（表 2-9）。

我国绿色校园创建相关导则文件汇总　　　　　　　　表 2-9

发布时间	文件名称	文号
2005 年	2005 年做好建设节约型社会近期重点工作的通知》	教发〔2005〕19 号
2006 年	《教育部关于建设节约型学校的通知》	教发〔2006〕3 号
2007 年	《教育部关于开展节能减排学校行动的通知》	教发〔2007〕19 号
2008 年	《高等学校节约型校园建设管理与技术导则（试行）》	建科〔2008〕89 号
2008 年	《关于推进高等学校节约型校园建设进一步加强高等学校节能节水工作的意见》	建科〔2008〕90 号
2009 年	《关于印发〈高等学校校园建筑节能监管系统建设技术导则〉及有关管理办法的通知》 《高等学校校园建筑节能监管系统建设技术导则》 《高等学校校园建筑节能监管系统运行管理技术导则》 《高等学校校园建筑能耗统计审计公示办法》 《高等学校校园设施节能运行管理办法》 《高等学校节约型校园指标体系及考核评价办法》	建科〔2009〕163 号

绿色校园，首先是强调将环保意识贯穿于学校整体性的管理、教学和建设活动中，引导教师、学生关注人与环境的和谐相处问题；其次就是校园建筑的高效用能问题，实现绿色、低碳的健康发展。同时，绿色校园对学校的人均占地面积、能耗统计、绿化率等提出了指标性的要求；在全生命周期的基础上，研究校园建设和环境保护问题，影响着学校的发展规模与建筑形态。

2006 年，我国加大建筑节能工作推进力度，同济大学作为中国节约型校园的典范，将绿色生态理念和科技融入校园建设和运行的实践，编制了我国首部《高等学校节约型校园建设管理与技术导则》（试行），明确以"资源节约型、环境友好型"两型为社会导向，以"四节一环保"为核心，推进校园节能工作。2012 年获批的示范高校数量达 200 多所，近 30 所高校校园完成示范建设验收。

2.3.3.2 绿色校园评价的提出

在绿色建筑设计评价的基础上针对绿色校园推出《绿色校园评价标准》GB/T 51356—2019，对学校建筑的节能工作，提出建设"绿色校园"的行动（分为中小学和大学部分）。

绿色校园等级划分的选择项数目划分（高校）　　表2-10

等级	一般项数（共58项）							优选项数（16项）
	规划与可持续发展场地（9项）	节能与能源利用（10项）	节水与水资源利用（6项）	节材与材料资源利用（8项）	室内环境质量（11项）	运行管理（6项）	教育推广（8项）	
★	3	4	2	3	4	2	2	—
★★	5	6	3	5	5	3	3	7
★★★	6	8	4	6	7	4	4	10

2013年4月，第一部绿色校园评价标准《绿色校园评价标准》CSUS/GBC 04—2013进入推行阶段。作为我国开展绿色校园评价工作的技术依据，由中国城市科学研究会绿色建筑与节能专业委员会等单位共同主编。该标准将绿色校园定义为：在全寿命周期内最大限度地节约资源（节能、节水、节材、节地）、保护环境和减少污染，为师生提供健康、适用、高效的教学和生活环境，对学生具有环境教育功能，与自然环境和谐共生的校园。

在绿色校园评价指标的高校部分，由规划与可持续发展场地、节能与能源利用、运行管理、教育推广等指标组成。每类指标包括控制项、一般项与优选项，如表2-10所示。

从绿色校园等级划分上可以看出，高校"绿色校园"是基于绿色建筑的校园建筑规划设计。在"规划与可持续发展场地"和"节能与能源利用"项目分值上，建筑的低能耗设计问题属于很重要的问题，尤其等级越高，分值越高。

2.4 当下校园规划中建筑能源设计存在的问题

随着高校扩招和传统校园发展，出现了一批大型化、复合化、综合化的新校园建设项目，这些数量巨大的校园建筑群是现代城镇建筑和能源发展的重要组成部分，具有以下特点和发展问题：

（1）校园建筑规划走向大型化、综合化发展，校园综合体模式已经常见。随着高校大型化发展和人们对于高效率、高舒适度的学习环境追求，当下新校区的建设，从严谨的里坊式或行列式布局向着结合生态环境的自由式综合体规划模式发展；从中小型校园的井格式建筑规划模式，向着大型、超大型校园的综合体模式发展；现代校园建筑规划逐步走向多元化、组团化、综合化的发展趋势。所以大尺度空间的校园建筑能源效率问题，成为校园建筑规划的重要一环。

（2）校园建筑能耗设计缺乏科学的同步规划。老校区的多数新建建筑，按照政策要求考虑了建筑节能，但是没有规划层面的能源利用设计。当下校园建筑使用的节能规范多是建筑单体层面的规范和评价标准，对于从规划层面上考虑校园建筑群的规划前期阶段或能耗优化的约束条件，则几乎没有。当下的能源优化或建筑节能多停留在建筑设计后期或运行管理阶段，缺乏规划前期或低能耗的总体规划设计。这种校园建筑群的低能耗优化问题，值得深入研究。

（3）新能源利用缺少整体规划设计，多是"见缝插针"。现代校园的建筑节能及能源优化设计相对于校园规划来说起步较晚，新能源利用就更晚。虽然部分高校校园开始建筑与新能源一体化设计，提供可持续的绿色能源供应，但是多是建筑新能源的开采利用，是因地制宜、"见缝插针"、缺少统一性的规划设计。新校园规划设计中缺少校园区域建筑群准确的能源供需或规划设计。

总之，随着校园大型建筑综合体的出现，加强校园规划前期的多方面能耗设计介入，对校园规划的建筑节能、新能源利用、能源优化问题的"多约束合一"研究，可以为设计后期、运行管理阶段提供良好的基础。

第 3 章

校园综合体的低能耗设计
影响因素敏感性分析

构建校园规划中低能耗设计因素模型平台
低能耗设计影响因素的敏感性分析
不同领域的低能耗设计影响因素层级关系研究

　　通过第 2 章的传统校园建筑发展及能源利用现状调研，发现校园出现了规模大型化、建筑综合化、功能复合化的发展趋势，校园巨大的流动人群和科研设备用能，引起了科研工作者的关注。对于校园建筑用能问题，崔愷、高冀生等学者从校园建筑规划设计的角度，提出了校园建筑的集约性特征及综合体设计；同济大学的龙惟定等（2011）从能源管理的视角，提出了区域能源规划，在校园规划层面研究建筑群的能效问题。

　　多因素敏感性分析是（在假定其他因素不变）计算分析多种不确定性因素的同时变动，对项目参数的影响程度，确定敏感性因素及其极限值。本章提取校园规划中建筑与能源设计耦合的多种因素，针对不同专业背景的专家，进行相关性及其他的敏感性分析，获得影响因素的层级关系，提出相关的优化措施。

　　本章内容可以为第 4 章低能耗建筑设计方法体系，提供模块化设计的研究基础，为第 5 章、第 6 章多因素约束条件的设定，提供指导性的研究方向。同时，也为校园建设决策者和设计师提供项目规划低能耗相关影响因素的设计权重。

3.1　构建校园规划中低能耗设计因素模型平台

3.1.1　校园建筑规划中的低能耗问题

　　绿色校园的概念，源于 20 世纪学校环保意识的教育普及。1996 年，国家在《全国环境宣传教育行动纲要》中提出"全国创建'绿色学校'活动"。1998 年，从环境教育的可持续发展角度，国家正式提出绿色校园的概念（图 3-1）。但是这些概念多以环保意识教育为主，对于校园建设的节能环保问题，还没有引起足够的重视。

　　2006 年，原建设部提出建筑设计的"四节一环保"技术框架（即"节约用地、节约能源、节约用水、节约材料以及环境保护"），建设了一批节约型示范建筑，包括同济大学在内的绿色示范校园，将校园的建筑节能问题提上了讨论日程。同时在"四节一环保"技术框架的基础上发布了《绿色建筑评价标准》GB/T 50378—2006，侧重于居住建筑及办公、商业等能耗较多的建筑节能评价。2013 年 1 月 1 日，国务院办公厅发布《国务院办公厅关于转发发展改革委住房城乡建设部绿色建筑行动方案的通知》（国办发〔2013〕1 号），明确重点

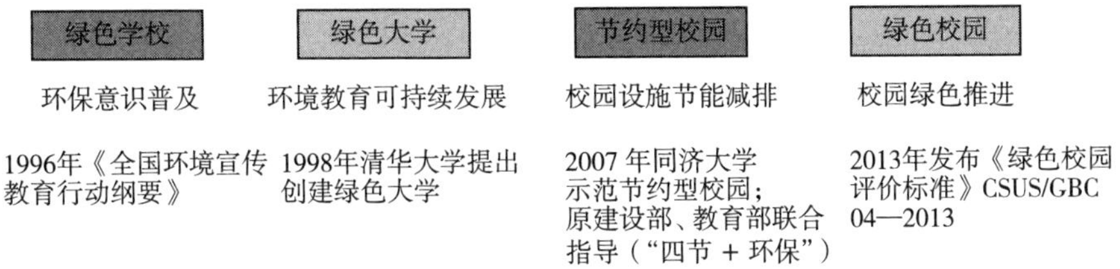

绿色学校	绿色大学	节约型校园	绿色校园
环保意识普及	环境教育可持续发展	校园设施节能减排	校园绿色推进
1996年《全国环境宣传教育行动纲要》	1998年清华大学提出创建绿色大学	2007年同济大学示范节约型校园；原建设部、教育部联合指导（"四节＋环保"）	2013年发布《绿色校园评价标准》CSUS/GBC 04—2013

图 3-1　国内关于绿色校园的发展历程

任务："自 2014 年起政府投资的建筑执行绿色建筑标准。"《绿色建筑评价标准》GB/T 50378—2014 将范围扩展到了各个类型，全面推进节能减排与发展新能源的战略部署。

2013 年实施的《绿色校园评价标准》CSUS/GBC 04—2013 就是在《绿色建筑评价标准》GB 50378—2006 的基础上，结合建筑"四节一环保"的校园发展需求，协调校园功能与节约资源、保护环境之间的辩证关系，以降低建筑的总体能耗。

2013 年，中国城市科学研究会绿色建筑与节能专业委员会等单位共同主编的《绿色校园评价标准》CSUS/GBC 04—2013 总则中指出的"绿色校园（Green Campus）"定义与"绿色建筑"定义有很多相同之处。以上两个概念，均强调了"四节一环保"的技术框架，注重建筑的低耗建筑、经济环保问题，建设可持续发展的技术集成。建筑能耗问题是绿色校园的首要问题。

《绿色校园评价标准》CSUS/GBC 04—2013 按照学校类别分为中小学校和高等学校两个部分评价，在划分绿色高等学校的等级评价中，一般项的要求，"节能与能源利用""室内环境质量"为最重要（要求最多），其次是"规划与可持续场地""节材与材料资源利用"，可以显示出校园建筑能源问题是绿色校园设计的重要环节。

在"节能与能源利用"一节中参评项如表 3-1 所示。

节能与能源利用的参评项　　　　　　　　　　　　　　表 3-1

参评项	项目内容	备注
控制项	5.2.1 新建和改建主要功能建筑的围护结构热工性能指标符合当地现行同类型建筑节能标准的要求	

续表

参评项	项目内容	备注
一般项	5.2.6 编制校园中长期节能规划； 5.2.7 年度人均能耗降低率不小于 2%	
优选项	5.2.16 年度人均能耗降低率不小于 5%； 5.2.17 根据当地气候和自然资源条件，合理利用可再生能源	

（本表来源：《绿色校园评价标准》CSUS/GBC 04—2013）

　　吴志强院士提出"绿色校园是绿色社区的缩影"，绿色校园是在绿色建筑的基础上，结合可持续发展教育、健康环境，来改善校园能源效率、提高环境舒适度的教学型社区。综合以上问题，通过绿色校园对于建筑的节能设计或降低能耗的要求，可见绿色校园评价的低能耗设计要求。

3.1.2　低能耗设计耦合因素的提取

3.1.2.1　校园规划与城市"多规合一"中的能源利用问题

　　在《城市规划编制办法》（建设部令第 146 号）中，从规划建设容量及生态环境、能源预测及管线规划等环节提出了有关城镇建筑的能源问题，如表 3-2 所示。

城市规划编制办法中的能源问题　　　　　　表 3-2

章节	内容
第三十条	市域城镇体系规划应当包括下列内容：（二）确定生态环境、土地和水资源、能源、自然和历史文化遗产等方面的保护与利用的综合目标和要求，提出空间管制原则和措施。（五）确定市域交通发展策略；原则确定市域交通、通讯、能源、供水、排水、防洪、垃圾处理等重大基础设施，重要社会服务设施，危险品生产储存设施的布局
第三十一条	中心城区规划应当包括下列内容：（十三）确定电信、供水、排水、供电、燃气、供热、环卫发展目标及重大设施总体布局
第四十一条	控制性详细规划应当包括下列内容：（五）根据规划建设容量，确定市政工程管线位置、管径和工程设施的用地界线，进行管线综合。确定地下空间开发利用具体要求

（本表来源：《城市规划编制办法》（建设部令第 146 号））

根据城市能源问题在《城市规划编制办法》（建设部令第 146 号）中的相关内容，可以概括总结出现有城市规划编制过程中涉及能源规划的相关研究之间的关系，如图 3-2 所示。

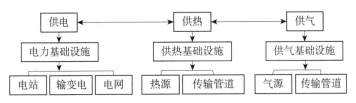

图 3-2　现有城市规划中能源规划研究的模型

2007 年，原建设部发布《关于印发〈关于贯彻落实城市总体规划指标体系的指导意见〉的通知》（建办规〔2007〕65 号）。2014 年 12 月，中央经济工作会议上，提出在规划建设中推广"多规合一"。"多规合一"理念的提出是为进一步健全我国现有的国家空间规划体系，在同一级政府的管辖事权下，以城乡规划主体为基础，统筹与衔接各类空间性规划，在统一的空间信息平台上建立控制线体系，实现资源优化的"多规"目的，推进"多规合一"。

走向大型化规模的现代校园，从另一个意义上说也是一个功能健全的微型城市，同样具有"多规合一"的设计思想。伴随着城镇环境污染、土地资源紧张的趋势，城市规划急需统筹性的空间管控设计，"多规合一"工作正在逐步成为城市管理和编制规划中的首要选择，协调城乡规划、土地利用规划、林地与耕地保护、文化与生态旅游资源、环境保护、水资源、文物保护、综合交通、社会事业规划等参数关系，并行考虑各项空间规划之间的协调关系。这就要求大型校园项目在前期规划中把空间单元规划与非空间性规划并行考虑，对于能源部分，从能源结构、能源利用方式、能源利用效率等问题，确定能源的"供给–需求"关系。例如，区域内的能源规划与用地规划之间的衔接，对空间规划的建筑布局、景观规划、公共建筑设施等多方面、多角度地进行协调，形成数字化、信息化的"多规合一"的协同规划。

在很大程度上，能源的需求规模取决于城市的规模与规划建设目标。这个过程需要政府、能源、规划等部门，以及工程建设多部门参与，并形成高效框架整合物质规划与能源规划。而高校校园的建筑能源设计作为校园建筑群建设的能量来源，关系到选址、规模和形态等选择，对城市或校园的能源供应有重要影响，如图 3-3 所示。

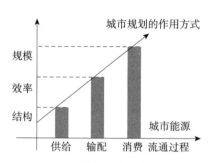

图 3-3 城市规划与能源发展的关系

3.1.2.2 绿色建筑及校园评价标准中的能源利用问题

根据住房和城乡建设部及各地住房和城乡建设部门的要求，建筑设计的绿色建筑管理部分开始进入立法程序，将绿色建筑设计要求并入建筑施工图审查。高校建筑作为现代城镇的重要组成部分，绿色建筑评价也是必须符合国家设计要求的。

现代校园规划中多数建筑已经是绿色建筑。随着各地绿色建筑评价的推进，城镇建筑已经要求符合绿色建筑的一星评价标准，部分重点地区或者大型建筑要求符合绿色建筑的二星评价标准，绿色建筑设计已经进入普及化。而绿色建筑评价标准，主要是结合建筑所在地域的气候、环境、资源、经济及文化等特点，对建筑全寿命期内"四节一环保"等性能进行综合评价。

绿色建筑评价标准中的能源问题　　　　　　　　　　表 3-3

章节	节能与能源利用
5.1 控制项	1. 建筑设计应符合国家现行相关建筑节能设计标准中强制性条文的规定。 2. 不应采用电直接加热设备作为供暖空调系统的供暖热源和空气加湿热源。 3. 冷热源、输配系统和照明等各部分能耗应进行独立分项计量。 4. 各房间或场所的照明功率密度值不得高于现行国家标准《建筑照明设计标准》GB 50034 中现行值的规定

（本表来源：《绿色建筑评价标准》GB/T 50378—2019）

3.1.3　调研问卷内容及各专家组的确定

3.1.3.1　校园低能耗的设计影响因素问卷构建

绿色校园规划的低能耗影响因素提取，经过严格的筛选和专家咨询。首先根据当下建筑规划或建筑设计中涉及的城市规划及建筑设计规范，从绿色校园、低碳城镇、低碳社区、（零、近零）低能耗建筑等方面入手，结合《天津大学新校区建筑能源规划》《天津大学新校区建筑规划及单体设计》等规划设计文件，进行了分析研究；其次开展大量的专家走访，如东南大学杨维菊教授、天津大学朱丽教授、华中科技大学徐燊教授、河北工业大学朱赛鸿教授、西安建筑科技大学罗智星副教授、哈尔滨工业大学史立刚副教授以及河北省设计大师曹胜昔教授等专家，针对涉及能耗的设计因素，给出了一定的参考意见。

按照校园建筑规划项目的设计过程，从项目建议书、可行性研究报告、规划招标、初步设计、施工图设计等阶段，结合专家意见以及现有的建筑规划、能源设计的国家标准规范，如《绿色校园评价标准》GB/T 51356—2019、《绿色建筑评价标准》GB/T 50378—2019、《公共建筑节能设计标准》GB 50189—2015、《建筑设计防火规范（2018 年版）》GB 50016—2014、《城镇供热管网设计标准》CJJ/T 34—2022、《智能建筑设计标准》GB 50314—2015 等，对于校园建筑规划的低能耗问题，进行常用因素的归纳性总结和提取，最终归纳为以下 25 个主要的低能耗设计影响因素，见表 3-4、附录 B。

校园规划的低能耗影响因素提取　　　　　　　　　　　表 3-4

项目进度	项目设计阶段	校园规划中的主要低能耗设计影响因素
设计前期	项目建议书	能源资源条件；气候状况；经济状况
	可行性研究	规划范围与人口；分期建设情况； 环境保护要求；能源利用状况
编制 设计文件	规划招标 （群体规划）	总体建筑布局；绿地景观布局；建筑密度分布； 建筑功能混合度；建筑服务半径
		建筑组合与朝向；建筑平面空间；地下空间利用
	初步设计 （单体）	建筑体形系数；窗墙比；采光与遮阳设计；自然通风
	施工图设计 （单体）	外围护结构保温与隔热；节能设计标准； 增量成本；建筑照明设计；采暖（制冷）系统； 室内计算参数设定

3.1.3.2　参与调研的专家组构建

根据"关于寒冷地区绿色校园建筑低能耗设计影响因素的函询问卷",从调研人员的专业、年龄、工龄、学历等方面,组建相关的专家问卷调研。

（1）调研人群选择

调研问卷人群主要分为建筑规划类、能源设计类及运行管理类人员。

建筑规划类人员是在绿色校园建设中,从事控制性规划设计、建筑单体设计的人群。所以调研人群以规划院或设计院的规划设计师、建筑设计师,以及高校的科研工作者为主,这类人群对于校园建设过程中的能源和设计问题有独到的理解。能源设计及管理类人员主要是绿色校园规划或建筑设计中的能源设计人员及后期的运行管理人员,对能源利用或运行消耗有亲身体会和理解。

为突破建筑学专业的学科界限,以天津大学的国家科技支撑项目、国家自然科学基金项目作为研究依托,对天津大学建筑学院的宋昆教授、孔宇航教授、朱丽教授,天津大学环境科学与工程学院周志华教授、天津科技大学田玮教授、天津大学建筑规划总院杨成斌总工,进行了深入访谈和调研。

（2）调研方式

在网络问卷的基础上,主要分为针对性专家问卷和开放性普通问卷两种形式,通过信件函询、邮件函询等问卷发放及回收形式,实现全面性的调研。

（3）调研目的

结合规划设计师、建筑设计师在绿色校园的策划、规划、设计过程中对各影响因素的把控与重视,定量地分析校园建筑低能耗设计问题。同时,校园能源规划的载体是校园的建筑规划,合理地优化建筑规划设计,建立低能耗的校园建筑规划前期设计,会为校园建筑的低能耗运行打下科学的设计研究基础。

3.1.3.3　影响因素敏感性分析的研究方法及路径

（1）研究方法

本章以调研、分析、分级等模块化研究方法,为构建校园建筑的低能耗设计影响耦合因素进行问卷调研,提取不同组专家的耦合因素层级关系,为低能耗的校园建筑规划设计提出合理化建议。

（2）模块化研究路径

本章分为三部分：首先构建低能耗影响因素的模型平台，以建筑规划过程中的建筑低能耗影响的耦合因素为问卷基础，制定调研专家组及调研方法；其次借助 R 统计分析语言，通过不同形式所得的问卷数据，进行重要性、相关性、聚类分析等统计分析；最后以各专家组的层级关系结果，进行单一领域或多领域交叉比较，并提出相关的建筑低能耗设计建议。模块化研究路径具体框架如图 3-4 所示。

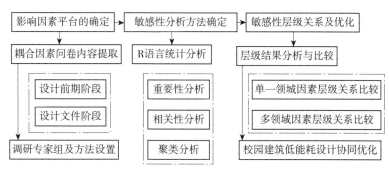

图 3-4　模块化研究路径

3.2　低能耗设计影响因素的敏感性分析

3.2.1　R 数据及相关分析方法概述

R 统计分析语言（以下简称"R 语言"）是一种用于数据统计分析的计算机语言。R 语言研究方法属于免费开源、有效地提供数据用于计算统计和绘图的计算机语言环境，能够在 Windows、Mac OS 与 UNIX 等平台下正常工作，并拥有强大的数据归纳与统计分析技术，可以分为时间序列、回归分析、聚类分类等统计方法。同时它还可提供直观高效的图形处理功能，以及与其他编程语言接口、程序采集编制和计算调试功能。

R 语言是完整的数据处理、计算和制图软件系统，属于庞大而活跃的公认软件。其最大的优点是出色的可视化数据统计图形、丰富的统计归纳耦合及人性化的更新速度。

本章研究数据的敏感性分析方法，主要采用以下三类：

（1）重要性分析

根据不同对象不同阶段对应分值进行统计分析，获得相关数据重要性排序。R语言Boxplot箱线函数是针对多变量数据分析，得出各变量分布情况箱线图的研究方法。利用不同的专家问卷数据，按Type分类对若干项因素作箱线统计分析，可以表明各因素的影响程度大小，也可直观反映程度大小的浮动范围。

（2）相关性分析

当下存在影响因素需要相关性分析，即对于研究现象之间依存关系的一种量化分析，并可以对其依存关系进行相关方向和相关程度的研究探讨，实现随机变量之间相关关系的直观统计和分析。

相关性分析主要是利用图中对应对角线变量组成的饼状图，显示出变量之间有机的耦合相关关系，并衡量其相关系数的数据研究。

（3）聚类分析

根据提供的数据样品指标，以既有规则的语言程序，计算具体样品或参数（指标）的数据相似程度，进行聚类归纳相应位置。聚类分析对象是采集的样本数据，根据样本特征来进行分析和聚集，以便研究者更好地认识事物规律，有针对性地确定数据层级划分。

3.2.2 单一领域的影响因素敏感性分析

3.2.2.1 设计领域专家组影响因素敏感性分析

（1）影响因素重要性分析

校园建筑规划与设计的专家调研，合计收到有效问卷50份。其中包括建筑设计、城市规划、建筑及规划研究等领域的工作人员，工作年龄多以10~20年为主，具体的构成比例如图3-5所示。

对于单一领域的影响因素敏感性分析，可以借助多变量的影响因子数据分析，以R语言分析函数Boxplot，形成箱线图的分布情况来进行表达。箱线图不但表明了各因素的影响程度，还反映了影响程度的浮动范围特征。

利用50位专家数据，按Type分类对25个影响因素作箱线图分析。如图3-6所示，根据影响因素共得出25组箱线图结果。

总体建筑布局、建筑组合与朝向、建筑平面空间、建筑体形系数、采光与遮阳设计、外围护结构保温与隔热、节能设计标准（S8、S13、S14、S16、S18、S20、S21）七项影响因素并列，属于最为突出。

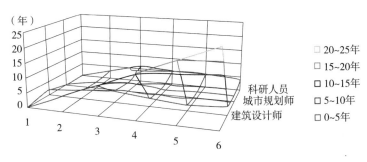

图 3-5　设计专业专家组人员构成

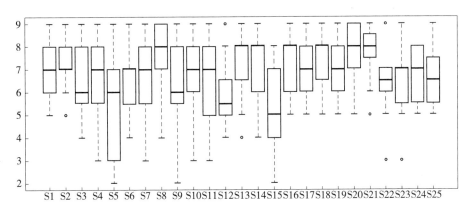

图 3-6　设计专业专家组箱型图

能源资源条件、气候状况、规划范围与人口、环境保护要求、能源利用状况、建筑密度分布、建筑功能混合度、窗墙比、自然通风、建筑照明设计、采暖（制冷）系统形式（S1、S2、S4、S6、S7、S10、S11、S17、S19、S23、S24）十一项因素的重要性属于稳定类型，影响相仿，且较突出。

经济状况、分期建设情况、绿地景观布局、增量成本、室内计算参数设定（S3、S5、S9、S22、S25）五项因素重要性在第三等级浮动，且中位值持平，代表重要程度相似。

建筑服务半径、地下空间利用（S12、S15）两项因素的重要性分析评价中存在较大浮动趋势，此类因素属于存在很大的意见分歧。

如图 3-6 所示，影响因素分期建设情况（S5）、建筑功能混合度（S11）、地下空间利用（S15）的网络分析箱线波动特征大于其他因素，说明在设计专业组调研中，受访专家对这三类因素分歧较大。

（2）影响因素相关性分析

相关性分析的统计分析图，除对角线的对应关系外，每个饼状图对角线变量对应的横向、纵向相互关联特征，可以有效直观地显示出两两变量影响因素间的相关关系：其相关系数衡量，由深蓝色的深度代表完全正相关，反之深红色的深度代表完全负相关，并随着色彩颜色越浅和形态面积越小则显示出因素间关系越弱的趋势。

如图 3-7 所示，可以得知：规划范围与人口（S4）和分期建设情况（S5）、窗墙比（S17）和采光与遮阳设计（S18）、建筑体形系数（S16）和采光与遮阳设计（S18）正相关系数特征则最强，其重要性趋近，属于同类的因素等级；规划范围与人口（S4）和增量成本（S22）、建筑密度分布（S10）和室内计算参数设定（S25）的相关系数则呈负相关；经济状况（S3）和其他因素之间关系，呈现出负相关，说明经济状况（S3）因素趋势具有独立性特征。

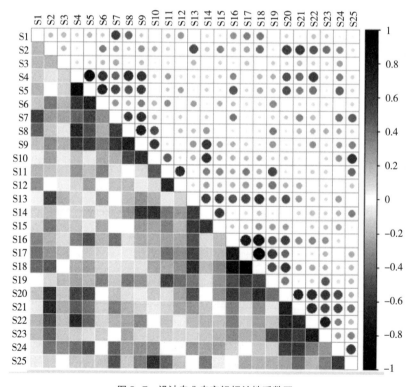

图 3-7　设计专业专家组相关性系数图

（3）影响因素聚类分析

经过对 25 个相似影响因素的数据统计分析，利用 R 语言聚类以后，获得以下系列结果，具体分析成果如下。

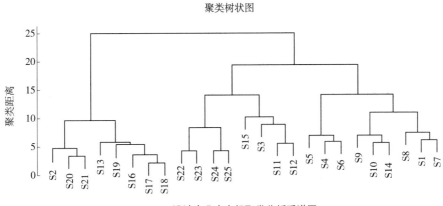

图 3-8　设计专业专家组聚类分析系谱图

如图 3-8 所示，聚类分析结果分为三大类别：

（1）第一类别

气候状况、外围护结构保温与隔热、节能设计标准（S2、S20、S21）为同一类别；

建筑组合与朝向、建筑体形系数、窗墙比、采光与遮阳设计、自然通风（S13、S16、S17、S18、S19）为同一类别。

（2）第二类别

增量成本、建筑照明设计、采暖（制冷）系统形式、室内计算参数设定（S22、S23、S24、S25）为同一类别；

经济状况、建筑功能混合度、建筑服务半径、地下空间利用（S3、S11、S12、S15）为同一类别。

（3）第三类别

规划范围与人口、分期建设情况、环境保护要求（S4、S5、S6）为同一类别；

绿地景观布局、建筑密度分布、建筑平面空间（S9、S10、S14）为同一类别；

能源资源条件、能源利用状况、总体建筑布局（S1、S7、S8）为同一类别。

其中，第一类别 8 项与其余 17 项（第二类别、第三类别）影响因素并列。

通过对校园建筑规划设计专家组的影响因素数据进行敏感性统计，以及对三类结果的综合分析，得出以下结论：

第一层级（最为突出）：建筑组合与朝向、建筑体形系数、采光与遮阳设计、外围护结构保温与隔热、节能设计标准（S13、S16、S18、S20、S21）；

第二层级（最为突出、较为突出）：气候状况、窗墙比、自然通风、能源资源条件、能源利用状况、总体建筑布局、建筑密度分布、建筑平面空间（S2、S17、S19、S1、S7、S8、S10、S14）；

第三等级（较为突出、相似）：规划范围与人口、分期建设情况、环境保护要求、绿地景观布局、建筑照明设计、采暖（制冷）系统形式、建筑功能混合度（S4、S5、S6、S9、S23、S24、S11）；

第四等级（相似、较低）：增量成本、室内计算参数设定、经济状况、建筑服务半径、地下空间利用（S22、S25、S3、S12、S15）。

3.2.2.2　能源及运行管理领域专家组影响因素敏感性分析

（1）影响因素重要性分析

对于校园建筑能源及后期运行管理的专家调研，合计收到有效问卷 56 份。其中包括暖通设计师、电气工程师、后期运行管理以及相关研究人员等，工作年龄多以 10~20 年为主，具体的构成比例如图 3-9 所示。

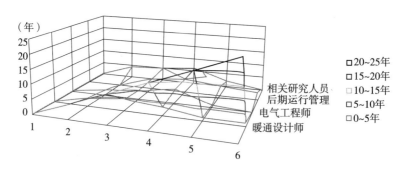

图 3-9　能源及管理类专家组人员构成

对于校园建筑能源及运行管理相关的多变量影响因子数据分析，可以借助 R 语言分析函数 Boxplot，以箱线图分布统计的情况来进行图示表达。以下箱型图是根据 56 位专家调研后回收数据，按 Type 分类作出不同数据下 25 个影响因素统计得出的结果，如图 3-10 所示。

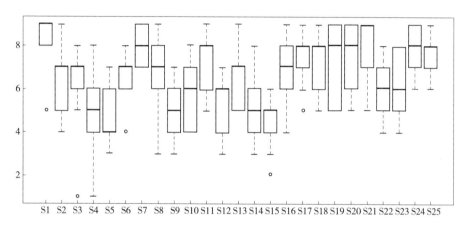

图 3-10　能源及管理类专家组箱型图

通过对比结果，按照重要性可分为四类：

能源资源条件、能源利用状况、采光与遮阳设计、自然通风、外围护结构保温与隔热、节能设计标准、采暖（制冷）系统形式、室内计算参数设定（S1、S7、S18、S19、S20、S21、S24、S25）八项影响因素并列成为重要性分析中最为突出的类别，尤其节能设计标准（S21）一项，表现得非常突出；

气候状况、经济状况、建筑功能混合度、环境保护要求、总体建筑布局、建筑组合与朝向、建筑体形系数、窗墙比（S2、S3、S11、S6、S8、S13、S16、S17）八项因素，其重要性分析稳定，属于影响程度相仿，较为突出的；

建筑密度分布、建筑服务半径、建筑照明设计（S10、S12、S23）三项因素，重要性在第三等级且浮动值持平，则属于重要性相似型；

规划范围与人口、分期建设情况、绿地景观布局、建筑平面空间、地下空间利用、增量成本（S4、S5、S9、S14、S15、S22）六项因素重要性分析评价中位值相对较低，并存在较大浮动趋势，说明在业界此类因素重要性评价存在分歧。

如图 3-10 所示，影响因素建筑密度分布（S10）、自然通风（S19）分析箱线波动特征非常明显，说明在能源与运行管理专业组的调研中，受访专家对这两类因素比较关注，同时分歧较大。

（2）影响因素相关性分析

如图 3-11 所示，根据影响因素间的饼状图面积和颜色显示：气候状况（S2）和分期建设情况（S5）、建筑组合与朝向（S13）和建筑平面空间（S14）、建筑组合与朝向（S13）和采光与遮阳设计（S18）、建筑组合与朝向（S13）和建筑照明设计（S23）、地下空间利用（S15）和节能设计标准（S21）、建筑体形系数（S16）和自然通风（S19）、窗墙比（S17）和采光与遮阳设计（S18）、采光与遮阳设计（S18）和外围护结构保温与隔热（S20）、采光与遮阳设计（S18）和建筑照明设计（S23）、采光与遮阳设计（S18）和采暖（制冷）系统形式（S24），其正相关系数特征趋势最强，说明其重要性因素变化趋近，属于同类等级；

气候状况（S2）和节能设计标准（S21）、规划范围与人口（S4）和外围

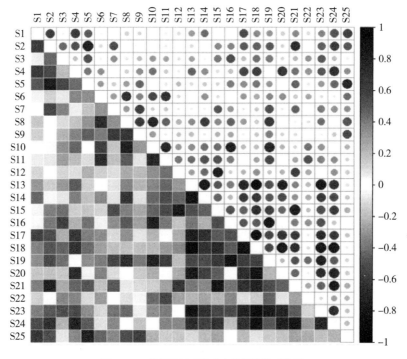

图 3-11　能源及管理类专家组相关性系数图

护结构保温与隔热（S20）、规划范围与人口（S4）和采暖（制冷）系统形式
（S24）、分期建设情况（S5）和室内计算参数设定（S25）的相关系数，则呈负
相关趋势；

经济状况（S3）以及室内计算参数设定（S25）和其他因素之间，呈现出
负相关特征，显示这两种因素有独立性趋势。

（3）影响因素聚类分析

经过对 25 个相似影响因素的数据统计分析，利用 R 语言聚类以后，获得
以下系列结果，具体分析成果如下。

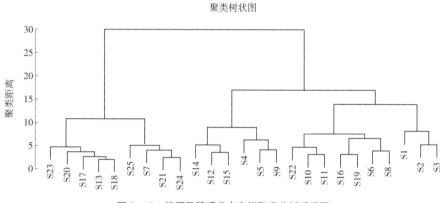

图 3-12　能源及管理类专家组聚类分析系谱图

如图 3-12 所示，25 项影响因素被聚类分为三大类别：

（1）第一类别

能源利用状况、节能设计标准、采暖（制冷）系统形式、室内计算参数设
定（S7、S21、S24、S25）为同一类别；

建筑组合与朝向、窗墙比、采光与遮阳设计、外围护结构保温与隔热、建
筑照明设计（S13、S17、S18、S20、S23）为同一类别。

（2）第二类别

规划范围与人口、分期建设情况、绿地景观布局（S4、S5、S9）为同一
类别；

建筑服务半径、建筑平面空间、地下空间利用（S12、S14、S15）为同一
类别。

（3）第三类别

能源资源条件、气候状况、经济状况（S1、S2、S3）为同一类别；

环境保护要求、总体建筑布局、建筑体形系数、自然通风、建筑密度分布、建筑功能混合度、增量成本（S6、S8、S16、S19、S10、S11、S22）为同一类别。

其中，第一类别9项与其余16项（第二类别、第三类别）影响因素并列。

通过对能源及管理类专家组的影响因素数据进行敏感性统计以及三类层级结果的综合分析，得出以下结论：

第一层级（最为突出）：能源利用状况、建筑功能混合度、节能设计标准、采暖（制冷）系统形式、室内计算参数设定（S7、S11、S21、S24、S25）；

第二层级（最为突出、较为突出）：能源资源条件、气候状况、经济状况、自然通风、采光与遮阳设计、外围护结构保温与隔热、窗墙比（S1、S2、S3、S19、S18、S20、S17）；

第三层级（较为突出、程度相似）：环境保护要求、总体建筑布局、建筑体形系数、建筑密度分布、建筑组合与朝向、建筑照明设计（S6、S8、S16、S10、S13、S23）；

第四层级（程度相似、较低）：规划范围与人口、分期建设情况、绿地景观布局、建筑服务半径、建筑平面空间、地下空间利用、增量成本（S4、S5、S9、S12、S14、S15、S22）。

3.2.3　多领域的影响因素敏感性分析

3.2.3.1　影响因素重要性分析

对于校园建筑规划与设计、建筑能源及后期运行管理的所有调研专家汇总，一共收到有效问卷106份。其中包括建筑设计师、城市规划师、建筑及规划研究人员，以及暖通设计师、电气工程师、后期运行管理以及相关研究人员等，工作年龄多以10~20年为主，具体的构成比例如图3-13所示。

对于寒冷地区校园建筑能源利用相关的多变量影响因子数据分析，借助R语言分析函数Boxplot，以箱线图统计的分布情况用图示模拟进行表达。箱线图可以直观立体地显示各影响因素的敏感性程度，在不同影响程度下也能清楚地反映出各因素的敏感性特征以及相关的浮动范围。

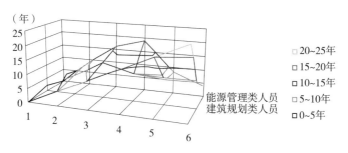

图 3-13 综合类专家组人员构成

对 106 位专家的 25 个影响因素的不同数据，按 Type 分类作出统计箱线图，可得知以下结果。

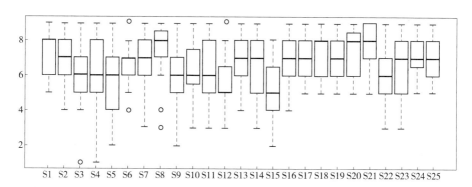

图 3-14 综合类专家组箱型图

结果如图 3-14 所示，根据综合类专家调研数据分析，共得出 25 组箱线图，对比结果可以分为四类：

能源资源条件、总体建筑布局、采光与遮阳设计、外围护结构保温与隔热、节能设计标准（S1、S8、S18、S20、S21）五项影响因素呈现出并列的趋势，成为最突出部分，尤其节能设计标准（S21）一项，重要性非常突出；

气候状况、环境保护要求、能源利用状况、建筑组合与朝向、建筑平面空间、建筑体形系数、窗墙比、自然通风、建筑照明设计、采暖（制冷）系统形式、室内计算参数设定（S2、S6、S7、S13、S14、S16、S17、S19、S23、S24、S25）十一项因素重要性稳定，位值一致，其发展趋势是相仿的，具有重要性较突出特征；

　　经济状况、规划范围与人口、分期建设情况、绿地景观布局、建筑密度分布、建筑功能混合度、增量成本（S3、S4、S5、S9、S10、S11、S22）七项因素在第三等级具有重要的浮动特征，且中位值持平，具有非常相似的重要性特征；

　　建筑服务半径、地下空间利用（S12、S15）两项因素在重要性分析评价中位值属于比较低的，并存在较大的浮动特征，说明此类因素存在很大的意见分歧。

　　如图 3-14 分析关系所示，影响因素规划范围与人口（S4）、分期建设情况（S5）、建筑平面空间（S14）的分析箱线波动范围明显大于其他因素，说明在校园建筑的综合类专家敏感性调研中，受访专家对这三类影响因素具有较大的分歧意见。

3.2.3.2　影响因素相关性分析

根据图 3-15 饼状图面积和颜色的显示特征可知：

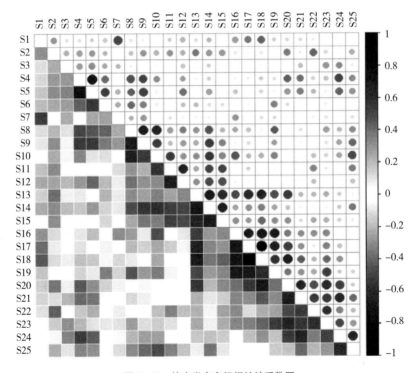

图 3-15　综合类专家组相关性系数图

规划范围与人口（S4）和分期建设情况（S5）、窗墙比（S17）和采光与遮阳设计（S18）、总体建筑布局（S8）和绿地景观布局（S9）、建筑组合与朝向（S13）和建筑平面空间（S14）等因素，在正相关系数上显示出最强特征，重要性变化趋势出现接近倾向，属于同类等级；

规划范围与人口（S4）和采暖（制冷）系统形式（S24）、建筑密度分布（S10）和室内计算参数设定（S25）的相关系数则呈负相关；经济状况（S3）和其他影响因素之间，出现了明显的呈负相关关系，属于独立的变化趋势。

3.2.3.3　影响因素聚类分析

经过对校园规划建筑能源耦合因素提取的 25 个相似影响因素，利用 R 语言数据统计，通过系统地聚类敏感性统计以后，获得以下系列分析数据结果，具体的数据分析系谱图如图 3-16 所示。

通过 25 项影响因素的聚类分析，结果分为两大类别：

（1）第一类别

能源资源条件、能源利用状况、窗墙比、采光与遮阳设计、建筑体形系数、自然通风（S1、S7、S17、S18、S16、S19）为同一类别；

增量成本、建筑照明设计、外围护结构保温与隔热、节能设计标准、采暖（制冷）系统形式、室内计算参数设定（S22、S23、S20、S21、S24、S25）为同一类别。

（2）第二类别

规划范围与人口、分期建设情况、地下空间利用、建筑功能混合度、建筑

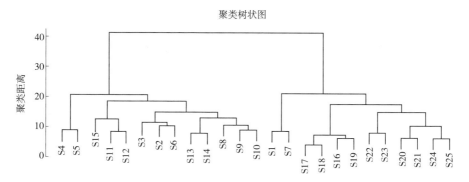

图 3-16　综合类专家组聚类分析系谱图

服务半径（S4、S5、S15、S11、S12）为同一类别；

气候状况、经济状况、环境保护要求、建筑组合与朝向、建筑平面空间、总体建筑布局、绿地景观布局、建筑密度分布（S2、S3、S6、S13、S14、S8、S9、S10）为同一类别。

其中，第一类别12项与其余13项（第二类别）影响因素并列。

通过对综合类专家组的影响因素数据进行统计及敏感性综合分析，可以得出如下研究结论：

第一层级（最为突出）：能源资源条件、采光与遮阳设计、外围护结构保温与隔热、节能设计标准（S1、S18、S20、S21）；

第二层级（最为突出、较为突出）：能源利用状况、建筑体形系数、窗墙比、自然通风、建筑照明设计、采暖（制冷）系统形式、室内计算参数设定（S7、S16、S17、S19、S23、S24、S25）；

第三等级（较为突出、相似）：总体建筑布局、气候状况、环境保护要求、建筑组合与朝向、建筑平面空间、增量成本、经济状况、绿地景观布局、建筑密度分布、建筑功能混合度（S8、S2、S6、S13、S14、S22、S3、S9、S10、S11）；

第四等级（相似、较低）：规划范围与人口、分期建设情况、建筑服务半径、地下空间利用（S4、S5、S12、S15）。

3.3 不同领域的低能耗设计影响因素层级关系研究

3.3.1 不同领域的低能耗影响因素层级关系分析

参评专家组源自不同的专业出身和工作性质，问卷结果是不一样的，对于建筑能源的科学利用和节约路径中的设计和认识是不同的。在以低能耗设计为核心的绿色校园规划设计中，如果可以专业间交叉分析，对于低能耗的设计研究一定可以起到很好的效果。

本调研分析就是针对不同专业人群对于高校校园低能耗设计耦合因素的不同理解，在设计前期考虑建筑节能问题，提高建筑能源的效率。校园规划及建筑专业以校园建筑的功能流线和形态设计为主，兼顾建筑的节能设计；建筑能源及后期管理专业重点在保障建筑功能的基础上，考虑建筑能源利用、能源设计及运行管理；综合各专业，是综合建筑设计和能源利用，兼顾两者的作用。

图 3-17　各专业的交叉分析示意图

三个专业之间存在一定的专业偏向，有一定的异同点，适当地分析利用可以帮助现代校园走向绿色、低碳、经济的规划设计（图 3-17）。

通过寒冷地区校园建筑低能耗设计耦合因素调研，以及 R 语言统计的敏感性分析，形成不同专家组的层级关系结果，发现规划、建筑设计专业和能源与后期管理专业对于建筑能源影响的耦合因素理解是有区别的。通过这三个影响因素的层级关系对比，在各个专业工作中低能耗设计的相互影响中，可以对建筑规划专业提出一定参考性建议，为设计后期的低能耗设计提供良好的设计基础。

通过寒冷地区校园建筑能源影响耦合因素的不同专家组调研，以及相关敏感性分析，形成不同专家组的层级关系结果，可以看出各个专业对于校园能耗设计影响耦合因素的理解差距是很大的。具体综合结果如表 3-5 所示。

各专业敏感性分析结果对比　　　　　　　　　　　　表 3-5

项目阶段		影响因素	第一层级	第二层级	第三层级	第四层级	备注
项目建议书阶段	1	能源资源条件	◎	●▲			
	2	气候状况		●▲	◎		
	3	经济状况		▲	◎	●	
校园项目可行性研究阶段	4	规划范围与人口			●	▲◎	
	5	分期建设情况			●	▲◎	
	6	环境保护要求			●▲◎		
	7	能源利用状况	▲	●◎			

续表

项目阶段		影响因素	第一层级	第二层级	第三层级	第四层级	备注
校园总体建筑规划设计阶段	8	总体建筑布局		●	▲◎		
	9	绿地景观布局			●◎	▲	
	10	建筑密度分布		●	▲◎		
	11	建筑功能混合度	▲		●◎		
	12	建筑服务半径				●▲◎	
	13	建筑组合与朝向	●		▲◎		
	14	建筑平面空间		●	◎	▲	
	15	地下空间利用				●▲◎	
建筑初步设计阶段	16	建筑体形系数	●▲	◎			
	17	窗墙比		●▲◎			
	18	采光与遮阳设计	●▲◎				
	19	自然通风		●▲◎			
建筑施工图设计阶段	20	外围护结构保温与隔热	●◎	▲			
	21	节能设计标准	●▲◎				
	22	增量成本			◎	●▲	
	23	建筑照明设计		◎	●▲		
	24	采暖（制冷）系统形式	▲	◎	●		
	25	室内计算参数设定	▲	◎		●	

注：●为规划及建筑专业；▲为能源及后期管理专业；◎为综合混合专业。

3.3.2　校园建筑规划中的低能耗设计因素研究结论

综合以上不同专家组的层级关系结果分布，有一些共同的低能耗设计影响因素的特征，可以看出：能源资源条件、气候状况、能源利用状况、建筑功能混合度、建筑组合与朝向以及体形系数、窗墙比、采光与遮阳设计、自然通风，还有外围护结构保温与隔热、节能设计标准、采暖（制冷）系统形式、室内计算参数设定，属于校园低能耗建筑设计中的重要影响因素。

但是，在寒冷地区校园建筑能源利用影响因素的层级关系中，也可以发现一定的问题。具体总结如下：

（1）从项目设计阶段来看，专家多偏重于设计后期阶段的能耗设计因素。从第一、二层级的影响因素关系来看，各组均偏向于建筑后期的初步设计及施工图阶段。各个专家组认为在建筑初步设计阶段的建筑体形系数、采光与遮阳设计因素均对于低能耗设计非常重要；其次是建筑施工图设计阶段，多关注于外围护结构保温与隔热、节能设计标准等设计因素，以及相对重要的采暖（制冷）系统形式、室内计算参数设定等部分因素；在项目建议书和可行性研究阶段，各专家关注的影响因素较少。

（2）单一影响因素来看，规划建筑类专家多关注于建筑形态设计方面，而能源管理类专家偏向于定量性的能源因素。在不同阶段的分项专家组中，能源专业考虑的定量因素内容较多，如气候状况、能源利用状况、建筑功能混合度以及设计后期部分；而建筑规划专业则重点考虑初步设计的建筑组合和朝向及从施工图设计入手，因此对设计前期考虑是很少的。

（3）整个设计环节来看，低能耗设计的链条中间断裂。从第一、二层级关系分布上，可以看出自然能源环境是很重要的，而后期的初步设计、施工图阶段也很重要；在规划设计阶段，规划建筑设计专家关注于建筑组合与朝向以及其他三项因素，而能源管理专家组在规划设计阶段则关注能源利用状况、建筑功能混合度以及后期的设计标准及参数设定。对于全程化的节能设计来说，建筑规划设计类专家对于校园项目建设的中间环节关注度是不够的。

总之，在编制设计以前，要为校园规划设计设置能耗因素的约束条件。通过新能源利用降低常规能源用量，或以建筑混合来优化建筑群，以能源"潜力预测—能源规划—能源利用"来对应"环境条件—校园规划—建筑设计"，建立一个连续的能源设计链条，填补设计前期和规划阶段的考虑不足问题。

第4章

构建校园综合体的低能耗模块化设计方法

Edsger Dijkstra（荷兰计算机科学家、结构程序设计之父）曾说过："抽象的目的并不是为了模糊，而是为了创造出一种能让我们做到百分百精确的新解法"。校园综合体的低能耗问题，贯穿校园前期规划、设计文件编制乃至管理的全过程，需要规划、建筑、暖通、水电等各设计专业进行紧密地校园建设专业配合，是一个复杂、繁琐的全生命周期设计及管理问题，而模块化设计的存在，恰好为复杂性问题提供了简单化的研究途径。

根据第 2 章能源利用现状和第 3 章相关耦合因素的重要性分析，本章以模块化设计的概念，清晰直观地构建寒冷地区校园综合体低能耗设计方法，在前期方案、设计阶段就全面地加入校园建筑能源的利用效率问题。即在设计前期阶段，设计师介入校园能源设计，以不同于以往的设计模式进行低能耗研究切入。

本章首先归纳校园综合体建筑及能源设计的模块化设计特征；同时，构建校园建筑的部件级、组件级、元件级设计参数数据库，获得下一步低能耗设计模拟的标准化参数来源；再以模块化的设计方法，提出校园建筑综合体的组合化、系列化、标准化等设计的低能耗研究方法，在"设计规则"的指导下，为第 5 章、第 6 章的约束性条件路径提供科学直观的研究路线，引导寒冷地区校园综合体建筑的低能耗设计走向全面和完善。

4.1 校园综合体的低能耗模块化概念

《模块时代：新产业结构的本质》一书中指出："模块化是指具有一定的半自律性的子系统，通过一定相互联系的系统集成规则而构成更加系统化综合化的系统"。基于模块化结构的设计原理，将复杂的规划设计以标准产品的设计模式进行模块化地多学科划分，形成相对独立的多组产品系统，通过模块化地分解研究，直观立体地表达建筑规划设计中的复杂问题。美国学者大卫·M·安德森、B·约瑟夫·派恩（1999）提出"模块化是大规模生产中的技术关键"，大规模定制（Mass Customization）是一场技术革命。

4.1.1 模块化设计

4.1.1.1 模块化设计的概念

1963 年，埃文斯首次提出模块化设计的理念。哈佛商学院两位院长卡丽斯·鲍德温、金·克拉（1964）发现美国"硅谷现象"的本质是"模块化"，提出"模块化是解决系统复杂问题的有效工具"。继而在《哈佛商业评论》中指出模块化的核心,是用简单的模块解决复杂的设计问题,组建成相对复杂的产品或流程。模块化单元间通过有序的集成组件,形成满足类型需求的实体产品或者虚拟系统,各个模块具有独立性、可连接性,但彼此又相对具有系统性、可延展性等设计特点。R·S·普雷斯曼(1988)在《软件工程:实践者之路》一书中也提到模块化设计的重要性。

20 世纪 70 年代,国内对于模块化设计研究始于计算机、工业产品设计等研究领域。随着人们对于复杂问题的直观简化需求,截至目前,模块化设计已经扩展到众多产品领域,例如企业管理、船舶制造、软件设计、金融服务、汽车生产等。根据不同的产品行业特点,寻找可拆解和组合产品的"模块"设计特征,以相应的模块化设计来解决各个领域的复杂问题。

模块化的概念,是处理系统复杂模块的最简单化设计方式。在产品设计系统的结构拆解中,可以通过在不同组件里,设定不同需求不同阶段的分项功能,在既定的设计要求下把一个复杂问题,分解成 M1、M2、M3……Mn 若干个模块,建立独立、互相作用的多个微型组件,来处理复杂、综合的产品结构,形成 n 个可组合、分解和更换的单元。对于整体产品来说,每个模块 M 都具有一个子功能,所有的特定模块按某种规则集成,成为一个复杂的大型产品,完成既定的系统功能,如图 4-1 所示。

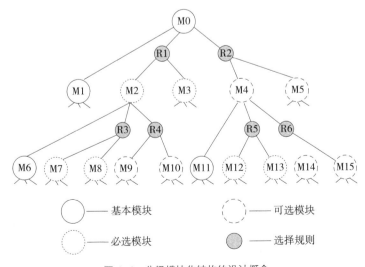

图 4-1　分级模块化结构的设计概念

4.1.1.2 模块化设计的方法

随着产品的精细化推进，M·A·Schilling（2000）提出了产品模块化（Modular design）的设计方法，即产品被分解成若干的组式单元，或者组单元再分解为若干的子单元，同时还能重新依次组合，恢复产品原有的各种功能。20世纪80年代，罗永昌（1982）提出模块化结构的分级设计概念，以通用模块研究产品的设计问题。高卫国（2007）、侯亮（2012）、唐涛（2003）等专家也提出模块化设计原理、方法以及特征，并在机械产品领域形成很大的影响；王海军（2005）、程强（2009）等学者将模块化提升到了大规模、可适应性的产品设计方法理论和应用高度，把模块化设计作为一种解决复杂问题的新型研究工具。

李春田教授在《中国标准导报》十章连载"现代标准化前沿——'模块化'研究报告"（2007），并于2015年创造性地提出了三种模块化理论模式：A模式、B模式、A+B模式，即提出A模式基础是黑箱理论，在"设计规则"指导下的模块化设计运作；B模式是系统分析理论，在综合标准化方法指导下的设计运作。

模块化是在传统产品设计基础上发展起来的新研究设计模式，其以模块化的设计方法，进行自由组合、分级优化、独立更新。模块化产品单元之间彼此相对独立，或通过一定规则下的组件搭配形成不同模式的设计产品，推进产品的升级换代。

例如，现代的模块化手机，以"产品＝模块＋接口"的形式，允许使用者自行更换各类模块配件，就像PC时代的DIY，用户自己选购手机内存、通信模块、处理器、摄像头、无线模块等各类手机配件，组成从外观到性能上能符合用户需求的一款智能手机。谷歌Project Ara首批模块化智能手机，发售的产品将包含3种样式，图4-2展示了一些样式的模块排列组合，最小有6个模块，前方还有2个模块（显示屏和接收器模组），共计8个模块。用户可以自由选择各种模块，要想拍照、扩容、插卡或打电话的话，还需要额外购买相关设备技术模块。

可以独立的工作运行模式：产品模块以独立块的形式出现在设计研究系统。所划分的各个模块，可独立正常运转，亦可拆解化组合，同时也有随时替换单组的故障模块，形成整个系统运行的有力设计保障。

具有分级启动的模块功能：当产品某部分达到满负荷运转时，模块系统会

图 4-2　谷歌 Project Ara 模块化手机示意

自动启动另一组进行补充更替，从而建立与实际需求匹配的高效运行系统，为高效率运转提供应急预案。

可以虚拟优化某一结构模块：根据产品设计的不断完善，可以虚拟优化模块或替换对应部分。社会对产品有着个性化的需求，相对应的产品概念结构也需要不断更新。以相似特性进行层次性分析，确定最优的模块拓展和更新方案，或者通过引入虚拟模块的概念，进行前期的模块设计方案。

4.1.2　低能耗模块化设计

利用模块化的设计思维，将复杂产品简单化，已经成为产品设计直观化的必需（图 4-3）。在太阳能源利用方面：杨维菊（2015）、任刚（2017）、高青（2018）提出了太阳能与建筑协同的低能耗模块化建筑设计概念，王蔚（2011）、张弘（2018）等从整体的建筑设计角度提出了建筑的模块化设计与低碳模式研究，何伟怡等（2015）提出了绿色建筑全生命周期技术的模块化设计研究，龚强（2015）提出了以"外壳与内核"划分商业建筑综合体的节能模块化设计方法。以上研究主要以模块化研究建筑设计与能源消耗的关系。

建筑能源作为空间舒适度和低碳减排设计的主要组成部分，各个部件、构件或者某一节点，在同级或与上一级组成的单元之间，以能源利用为主要媒介，以分块或分层的模块化为研究方法，形成了系统的或独立的，又具有可连接的或可延展的技术特点。

模块的独立性：各层级低能耗的模块有相对的边界，对系统内同级单位模块的依附性逐渐减弱，能够以低能耗的单元或组团的形式独立运行或发生作用。甚至从系统中剥离出来，成为独立形式的模块单元，但也不会影响系统的正常运作。

模块的系统性：各个低能耗模块都是建筑系统的组成部分，基于能源模块具有被替代、被剥离、被更新或者被添加的单元可能性，内在存在很强的逻辑联系，比如能源单元之间的传递、互补关系。

模块的可连接性：从建筑的母体模块中拓展出许多子模块，包括低能耗模块，各个模块具有各自独立又彼此互补的特点，通过建筑设计系统各专业的节点接口管理模块内部运行，并与模块外联系构建一个新的系统，在能源媒介的基础上形成彼此可以衔接的网络。

模块的可延展性：作为建筑或能源整体的模块系统，随着社会发展也需要添加新的节能技术或构造节点，不断扩充子模块的性能及数量，形成不断更新的子模块标准化数据库。不断扩充的通用模块，是解决建筑模块化生产的重要设计方法。

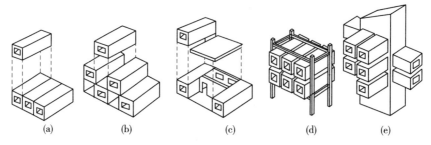

图 4-3　日本黑川纪章设计的盒子建筑

4.1.3　校园综合体的低能耗模块化设计

绿色校园的综合体也是低能耗的校园建筑，与其建筑能源有着密切关系，尤其对于大型校园的绿色校园建筑规划，与传统的校园规划设计方法是不同的。现代的绿色校园综合体研究，以校园建筑群或建筑单体的某一个能源专项模块化问题进行低能耗研究。建筑群作为绿色校园规划的主体，属于低能耗建筑模块的主要部分，绿色校园建筑的能耗降低问题，包括校园功能组合、建筑单体节能、建筑能源利用等众多的子模块。刘其（2016）提出低碳城区综合能源规划中的影响因素敏感性分析问题；陈旭（2018）、罗艺娜（2017）等以校园能耗监测平台为绿色校园延展模块研究校园整体能耗问题；丁超（2016）提出了模块化模式下的智慧校园建设；龙惟定（2011）、谢骆乐（2013）等提出了模块化设计理论的区域能源规划问题。

随着建筑用能、节能与产能等多位一体的不断完善，现代建筑设计与能源利用的关系，逐步从能源供求链上的用能节点向产能终端倾斜。校园建筑作为一个微缩的社会群体，能源问题也正成为校园建筑规划设计中不可缺少的因素。

4.1.3.1　校园综合体的低能耗问题与模块化需求

（1）校园建筑综合体中的能源利用因素影响

在建筑规划中，诸多问题受到能源因素的影响或约束。在建筑设计规范、规程等要求中，校园建筑之间需要有采光的日照间距、建筑布局与通风、建筑主朝向与间距折减等以及建筑体形系数、建筑进深与空间布局、建筑窗地比及窗墙比等要求；在公共建筑或居住建筑的节能设计标准中，还有专门建筑单体的热工设计、供暖通风和空调节能设计，这些在很大程度上都与建筑能源的影响有关。

绿色建筑的设计要求：在有能耗要求的规范或标准里，《绿色建筑评价标准》GB/T 50378—2014 在"节地与室外环境"一节中提出容积率、场地风环境及光环境、交通站点及商业等服务设施的服务半径、生态景观设计等问题，影响着校园的规划设计；公共建筑或居住建筑节能设计规范里的"建筑与建筑热工"部分都对低能耗问题有重点要求。

绿色校园的设计要求：2013 年《绿色校园评价标准》CSUS/GBC 04—2013里，高等学校的"规划与可持续发展场地"一节中提出校园教学、行政等公共建筑考虑室内外的日照、采光和通风的环境要求；校园建筑总平面考虑建筑布局的主朝向，冬季考虑日照及主导风向，夏季则要考虑自然通风；校园建筑选址和出入口考虑结合城市交通网络关系，步行距离到达最近的公交站点以500m 以内为宜。

（2）绿色校园综合体能源的复杂性与模块化需求

校园综合体在建筑能源的"供 – 求"链上，有着错综复杂的交叉问题。能源供应侧有分布式能源（太阳能、风能、地热能、生物质能等可再生能源）、城市常规供能（供暖、供电、供冷等二次能源）；能源需求侧有建筑负荷计算、能源系统选择等。建筑用能终端会受到建筑节能设计（包括外墙、屋顶、门窗以及室内空间的设计）、能源设备形式、建筑群负荷优化等规划设计的影响，这些能源错综复杂，以模块形式分解来研究，会比较简化直观（图 4-4）。

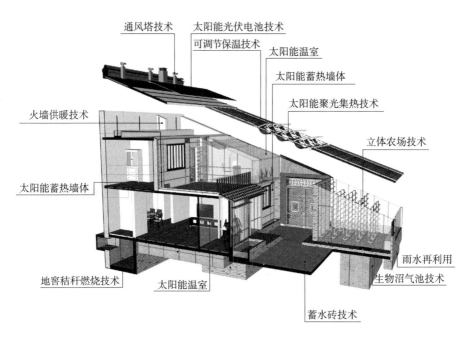

图 4-4 建筑模块化技术示意图

4.1.3.2 校园综合体低能耗设计与传统建筑设计的区别

校园节能问题与校园规划建设是同步进行的，缺一不可。在绿色校园、绿色建筑不断发展以及城镇环境恶化的今天，校园建筑综合体的低能耗设计与传统校园建筑节能设计有着本质区别。校园节能环节是在建筑设计、施工阶段考虑单体节能设计，缺少综合体的组合设计考虑。传统校园建筑的模块化研究，主要以建筑某一组件为模块化设计单位，属于建筑单体的能源利用问题研究，主要是建筑表皮、房间功能、能源使用形式的协同研究，很少考虑建筑之间的能源补充问题。

校园综合体的低能耗设计，属于建筑群规划的能耗优化和微观建筑单体节能估算相结合的设计环节，属于校园规划前期的初步节能设计。建筑综合体的模块化研究，以单栋建筑为设计单位，以群体互补为最终目的，是介于校园建筑群规划和建筑单体之间的建筑能源问题研究，有地域气候和资源、多栋不同功能的建筑规划、单体建筑能耗以及组合负荷优化等多重因素的影响。

总之，建筑综合体的模块化设计，尤其连廊式、基座式、大屋顶一体式等校园综合体建筑，其低能耗的建筑设计思路，是在各方协同下的建筑规划问题。目的是降低校园建筑的整体能耗，提升校园综合体的建筑能效。

4.2　校园综合体的低能耗模块化特征

作为一个微社会群体，每一个单独存在的校园单元，都为城镇节能的正常运行起着重要作用。在现代校园建设或运行中，每一个建筑、交通、能源或管理、餐饮等，甚至学生单体，都可以看作是一个模块，与学校能耗管理平台对接，这些节点具有独立运行和需求交流的功能，使得校园平台具有复杂交错的用能运行特征。尤其寒冷地区校园的建筑能源，与校园运行相关的室内环境、教学活动、餐饮生活、设备运转等环节，对于北方校园来说都是非常重要的建筑节能模块。

校园综合体，作为一个有着多种功能的建筑集合群，能源需求和教学运转是现代高校的两大设计模块。在建筑设计与能源利用的耦合关系中，除了建筑相关的热工参数或节能设计标准，对于校园建筑规划设计，呈现出了明显的模块组合、模块分类、模块通用等模块化特征。第 2 章的传统校园演化、能源利用现状以及现行的建筑节能标准研究，都为高校校园综合体的低能耗模块化设计理论提供了良好的设计研究基础。

4.2.1　校园综合体的模块化特征

模块化设计，是校园标准化设计和系列化制造的主要功能单元，以绿色设计思想实现产品模块化的设计方法，满足产品不同功能的调节特征，具有一定的相对独立性、通用性的模块化特征，是产品发展的组合属性。其中，模块化的相对独立性，可以单独进行局部或整体的模块集成设计、调整重组和分类存储，便于分组或互补性的产品设计，实现模块间的有效连通和分项调整，从而使模块满足不同阶段的产品生产需求；模块化的通用性，有利于产品之间实现横向、纵向模块组件设计，跨系列产品间实现有效的穿插组合。具体设计属性和特征如下。

4.2.1.1 相对独立性特征

在绿色校园规划的建筑设计中，由内部的教学管理决定了其独立的建筑形态，而固定的节能数据也确定了建筑单体能耗的可预测性，都可以看作一个具有独立性的建筑模块。

（1）内在的教学管理模块，决定了建筑形态的独立特征

在绿色校园规划中，建筑功能管理及各种规范的相对独立性，决定了相对独立的建筑单体形态。首先，功能单一的建筑单体一直是传统校园设计主流，如图书馆、宿舍楼、教学楼、办公楼、食堂等，为方便管理运行或防火要求，各个建筑各司其职，一直是以建筑单体或单一功能建筑的组团形式存在的，针对师生提供单一化的功能服务；其次，"产、学、研"一体化，使得相近的建筑功能走向组合，例如教学与科研、教学与管理、教学与试验、食堂与商业街等两个功能模块，甚至教学、宿舍、图书馆或教学、试验、教研多功能的模块组合，形成大型的校园建筑综合体形式。基本功能的模块内容不断完善，但是在一定时期总是固定独立的。

（2）标准的建筑热工参数，决定了可预测的建筑单体能耗数据

对于建筑能源利用来说，每一栋建筑围护结构或单一的组件都有一定的热工性能，作为一个独立的能源利用模块，预测建筑综合体的能耗。一栋建筑的功能确定下来以后，结合用户的用能行为和用能程度，获得其能耗模拟和用能预测；同样，建筑的外围护结构设计：外墙、门窗、屋顶等与外界接触的建筑表皮部分，其热工性能符合相应的建筑节能标准；建筑室内环境的供暖、通风与空调等热工参数设置，符合对应建筑性质的设计标准。

在固定的校园建筑群或单体建筑中，能耗是有规律可循的。在一段时间来看建筑负荷是变化的，但是在数年时间的周期性曲线下建筑总能耗是相对固定的，可以视作一个能源单元模块。例如学生校园生活，冬天和夏天有周期性的寒暑假，其他时间都是固定的起床、睡觉规律性的用能特征，全天或全年的负荷或能耗数据曲线基本上是可以预知的，是可预测的独立数据。

4.2.1.2　通用性特征

（1）校园教学管理演化，形成了高效率的通用模块

自接受苏联影响的"院系 – 教研室 – 专业"教育模式以来，单一的学院或专业对应单体的教学楼，"一系一楼"模式一直流行。20 世纪 80 年代以来，随着"产、学、研"一体化意识，以及学分制的选课制开始，相近或交叉专业学科之间的联系加大，以教学楼和科研楼为主的教学行政区、宿舍和食堂为主的生活区、各类体育设施和场地为主的活动区等模块单元形式，开始对接周围的教学行政区、学生生活区、体育活动区。

21 世纪前后，高校实施产业化教育，尤其特大、超大型校园的出现，以单个或多个学院（包括宿舍、教学楼、办公兼科研楼、运动场等设施）的自运行管理单元出现，形成高效率的"教学、生活、管理"综合体形式投入使用。而高校校园的规划模式在自运行的基本模块基础上，结合周围的基本模块或者共享模块，从功能分区模式向着单元模块的时代发展，成为高校校园规划的基本单元（图 4-5）。

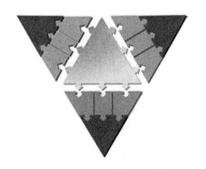

图 4-5　积木模式的分级模块

（2）横向系列的组合，形成自运行的基本模块

现代校园就是一个微缩城市，相对于传统的书院式教学，越来越呈现出独立运转的特征。尤其大学校园有了科研功能以后，校园以总体功能来划分，可以分为教学科研、学生生活、体育活动以及科研产业、后勤服务、教工生活六大部分。若按照大学师生最基本的管理、教研、学习、食宿、运动等活动来考虑，教学科研、学生生活、体育活动则是大学校园的核心功能部

分，也是实现模块化正常运转的基本设施。具体到单体建筑，也就是办公（或科研）楼、教学楼、图书馆、食堂、宿舍楼（教工居住、体育设施暂不作考虑）五类典型建筑，这也是一个小型校园的基本配置，即基本可以独立运行的校园模块。

随着特大型、超大型校园的涌现，校园规模在千亩以上，学院级或学院群的"教学科研、学生生活、体育运动"组合模块单元也就成为高校的基本模块，具有自行运转的功能。同时，通过多个相近功能的建筑，组合为不同组团或综合体进行拓展或者衍生，成为当下校园的主要规划模式，具体如图 4-6 所示。

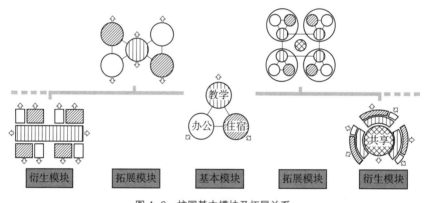

图 4-6   校园基本模块及拓展关系

4.2.2   建筑低能耗的模块化特征

根据同济大学龙惟定教授《低碳城市的区域建筑能源规划》一书中的区域建筑能源规划方法，按照模块化的设计方法，可以分为以下模块：节能目标及能源量预测、建筑能源负荷优化、建筑能源系统优化。这些模块设计都是在建筑信息模型和能源数据模拟的模型基础上，实现数据的优化分析。

校园综合体，作为多个不同功能的综合性单栋建筑，其低能耗设计可视为是在一定的建筑组合群体情景下的能源利用优化设计。同样具有节能目标及能源利用预测、能源生产预测以及建筑能源负荷优化、能源系统优化等设计环节的能源利用特征，如图 4-7 所示。

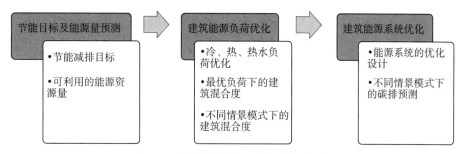

图 4-7　校园综合体的低能耗设计组成示意
（图片来源：《低碳城市的区域建筑能源规划》）

4.2.2.1　能耗模型的信息化特征

能源利用的模块化，借助建筑模型或能耗模拟来直观体现能源利用状况（图 4-8）。包括 BIM（建筑信息模型）、ECOTECT、EnergyPlus 等信息化模拟软件，利用建筑设计图纸信息，从整个项目全生命周期的角度，整合所有二维几何信息、功能要求和构件性能等信息，到立体直观的三维数据模型中，通过这些数据模拟信息和设计标准构建校园建筑综合体的数据统计和分析平台。

（1）几何模型信息

校园建筑综合体模块，是多个具象的建筑构件、设备系统或者生活空间组成的综合建筑设计。可以提取规划中关键的典型建筑模块，对于模块中的建筑固有屋顶或外墙等形态，或者建筑的长、宽、高以及朝向、间距等数据之间的耦合关系，例如标准化的体形系数、窗墙比以及建筑物的建筑布局搭配等进行直观表现和优化设计。

（2）功能要求信息

校园建筑综合体的室内空间模块，利用不同的功能设计、不同时间来应对外界的气候变化。需要提供学校寒暑假时间和每天建筑的使用状态，以及建筑室内的热舒适环境、光环境等信息，用以分析全年或逐时的冷、热、电等建筑负荷。例如，睡觉时间、上课时间、午餐时间以及室内的设计温度、室内湿度、新风次数、照明要求等，形成一个标准的数据平台。

（3）构件性能信息

校园建筑综合体的外围护结构模块，由六个面的围护结构构件组成，有着固定的不同的建筑节能数据性能信息。例如遮阳系数、太阳辐射得热系数、传

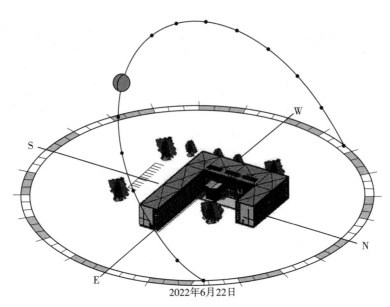

2022年6月22日

图4-8　模块化设计的工业化建造示意图

热系数等，以及可安装太阳能收集组件的相关屋顶、地面或外墙的面积，可安装地源热泵的室外环境场地面积、地热传导系数，获得建筑综合体的能源利用的量化信息。

4.2.2.2　能源利用设计的数据库特征

（1）能源利用设计的大数据

为了应对建筑气候环境，建筑设计都有相关的节能分析和暖通设计，形成一组能源利用模块，包含大量的建筑节能数据。这些节能数据在满足设计规范和建筑标准以后，很少有进一步地研究和统计分析。而能源利用模块的数据资源在整合起来以后，形成一个"时间－空间"动态的能源利用数据库，进行有效分级归类，便于节能设计的调取使用。

（2）节能数据库的动态扩展性

建筑节能数据库结合信息模型，在时间和气候的影响下，不断增加和替代新的能源信息数据。在新一代建筑节能标准下，以动态的能源负荷和能耗优化建筑综合体形态，节能数据被不断提升和优化，体现出时空能耗数据的动态扩展性。带动建筑设计逐步走向建筑的低能耗发展。

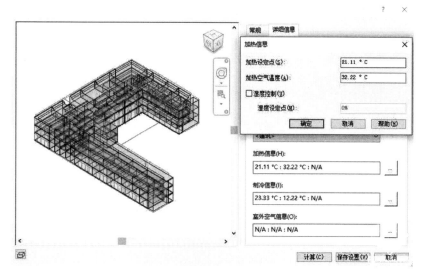

图 4-9　模块化设计的工业化建造示意图

（3）节能设计模型的叠加耦合

绿色校园综合体在建筑能源的影响下，叠加围护结构、室内环境、能源形式等多个建筑模块，给出建筑设计的分级因子。同时利用波峰波谷和储能原理，叠加建筑风环境、光环境、热工环境等多个逐时能源利用的数据模块，利用交叉统计模块的优化设计，获得低能耗情景模式下校园规划建筑配比的最优解，实现校园综合体的节能优化设计工作（图 4-9）。

4.3　构建低能耗的校园综合体模块化数据库

《*Modular Product Architecture*》一书指出："通过构建产品标准化模块的族群设计方法，构建各类产品结构的族化分解设计流程，实现模块划分规则优化，开发出具有独立性、通用性的相应功能的模块平台"。

校园综合体建筑模块数据库，是校园建筑低能耗设计的强大后台，通过模块数据库选择性存储，以产品的部件级、组件级、元件级的参数储存分类，完成数据库建设，有利于数据再挖掘。同时，数据库也可以实现高效的模块化校园规划，在建筑能源影响下，快速实现规划设计前期及综合体建筑设计的校园低能耗设计目标（图 4-10）。

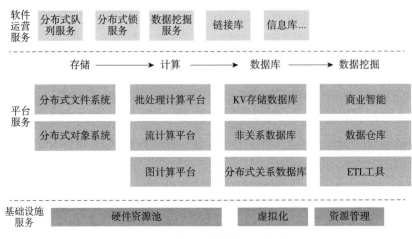

图 4-10 模块化数据库的分级管理

4.3.1 校园建筑低能耗数据库的分级设置

数据库是有组织的、可共享的长期储存和不断更新的数据集合。数据库中的数据是按照一定的数据模型分类，在一定范围内为多个端口共享使用，具有最小冗余度、较高的独立性和易扩展性的特点。从长期发展来看，数据库是数据管理的高级方式，它是由文件管理控制梳理发展而来的。

校园综合体及用能系统如何适宜地分解和组合，是模块化的核心问题，即形成校园建筑模块系统和模块化的规划设计系统。通过对校园建筑综合体的设计模块进行梳理，将相应的建筑低能耗模块数据库系统分为部件级、组件级、元件级三个等级设置，进行数据存储、梳理构建，如图 4-11 所示。

在低能耗模块化方法和典型建筑提取下，部件级模块包括新能源模块、外在形态模块化设计、内部负荷模块化设计三大部分。组件级划分上：校园建筑新能源设计模块由各类新能源模块组成；外在形态的低能耗模块化设计由校园综合体的建筑形态控制、配套环境与新能源优化模块组成；内部负荷的低能耗模块化设计由典型建筑逐时负荷模块以及负荷平准化的综合体建筑群优化设计模块组成。元件级模块是校园组合体组件级模块的局部构件和相应数据基础，是模块化数据库的提供数据的基层级别，一般表现为一个数据信息、一种技术做法或者一种详细的构造节点。

构建校园建筑模块的部件、组件、元件等各级的模块系统，是实施模块化设计的基础，也是实现模块化设计的最终归宿。这些记录校园规划信息的模块数据库，各级数据模块有着相互支撑、相互组合、不断更新和添加的特征，以扩展未来规划设计者的选择区间。

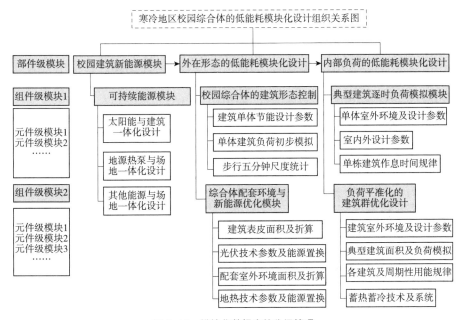

图 4-11　模块化数据库的分级管理

4.3.2　部件级数据模块

　　模块化的系统是由不同等级的标准化模块分解和组合而成，而部件级数据库是模块化信息库的最高级参数或构件，是低能耗建筑模块化数据计算的基本保障。部件级数据模块划分为校园综合体的低能耗影响因素分析数据模块、基于外在形态的综合体建筑低能耗数据模块、基于内部负荷的建筑低能耗数据模块三大部分。

　　（1）外在形态的综合体低能耗数据模块

　　外在形态约束下的建筑低能耗数据模块，主要由校园综合体的各种典型建筑组合方案、建筑形态数据、负荷初步模拟及建筑尺度控制、设备安装以及能量置换等节点组成。

（2）内部负荷的建筑低能耗模块化设计

校园建筑的负荷约束下逐时负荷模拟和负荷平准化的建筑群配比问题。其中包括校园整体能耗、单体能耗、室外环境设定、建筑原形、师生作息时间规律等；建筑群室外环境参数、典型建筑面积及负荷模拟、周期性用能规律、蓄热蓄冷技术及应用等研究数据的设定。

（3）可再生能源模块设计

校园可再生能源系统，按照调研归纳，一般太阳能光热利用系统、太阳能光电利用系统、地热资源开发的概率最高，已经在现在高校校园普及使用，而风能、水能等其他新能源利用较少，暂时不做考虑（图4-12）。

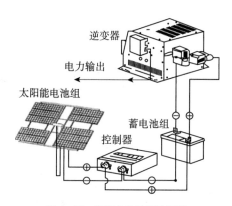

图4-12　光伏电池的系统示意

4.3.3　组件级数据模块

校园建筑综合体的组件级数据库，属于校园建筑数据库的二级设置。校园综合体的低能耗影响因素模块由绿色校园影响因素模型模块、可持续能源模块组成；基于形态的综合体建筑低能耗模块化设计由建筑形态模块优化和配套环境与新能源优化模块组成；基于负荷的建筑低能耗模块化设计由综合体典型建筑逐时负荷模拟以及负荷平准化的综合体建筑群优化设计组成。

对于综合体的建筑模块来说，主要由建筑内部功能（典型建筑功能）、建筑表皮面积、配套环境面积等设计组成。

对于综合体的能耗模块来说，主要由整体的室外气候、建筑围护结构情况、建筑用能方式、能源设备、建筑群的组成情况等因素组成。

　　可持续能源组件级模块，由光伏电池组件、集热组件、地热埋管组件、太空辐射能设备等各种新能源技术组成，如图 4-13 所示。对于校园常用的建筑新能源来说，主要由太阳能与综合体建筑表皮一体化的光热组件（包括蓄热材料、导热材料、热电材料、集热材料，集热材料分为玻璃真空管、普通平板型、陶瓷中空平板型等）、光伏组件（包括光伏电池、转换器、安装框架等，其中光伏电池分为光伏晶硅电池、薄膜 CIGS 电池），以及与综合体配套环境一体化的地源热泵组件（包括水泵部分、热泵机组部分、地埋管部分等）等部分组成。通过建筑综合体与能源收集之间的技术系统及组件选择，研究两者的建筑空间耦合，确定能源之间的置换当量和低能耗计量。

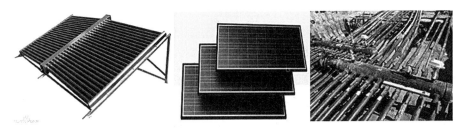

图 4-13　可持续能源组件级模块

4.3.4　元件级数据模块

　　在校园综合体的数据库里，元件级模块是其组件级模块的局部构件和相应数据基础，是为模块化数据库提供数据的基层级别，一般表现为一个数据信息、一种技术做法或者一种详细的构造节点。这部分主要由建筑工程设计中的建筑设计图集做法、建筑节能标准规范指标、相应的能源设备参数等组成，例如《严寒和寒冷地区居住建筑节能设计标准》JGJ 26—2018、《公共建筑节能设计标准》GB 50189—2015、《民用建筑能耗标准》GB/T 51161—2016、《绿色校园评价标准》GB/T 51356—2019、《绿色建筑评价标准》GB/T 50378—2019 等。

　　寒冷地区校园气候及资源数据库，包括环境气候、能源资源、地理植被资料等设计参数，是通过整理多年记录的历史信息或参考 NASA 气候数据库信息，形成某一区域标准化的全年气候指标参数，例如全年气温，风速及风向，降雨及蒸发量以及干球温度、含湿量、总辐射、散射辐射、直射辐射等气候指标参数。

对于学校建筑的规划设计，有一些是建筑规范或标准，也有一些是传统的经验数据。从宏观的规划设计角度，包括校园建筑用地规模、十二类校舍建筑面积参考指标、室外活动场地配置等设置参数，由国家要求以及各类建筑设计标准（规范）、建筑设计资料集等提供详尽的标准数据和参数。从微观的建筑设计上，包括屋顶保温做法、墙面做法、门窗做法及导热系数；以及体形系数、建筑朝向、窗墙比、遮阳系数，可为建筑的单体能耗提供标准的设计参数。

在校园建筑的能耗需求中，按照全年师生的教学习惯，除去固定的寒暑假，在正常规律性的上下课、餐饮休息的周期性作息表中，用户在建筑中的时间也是固定的。对于全年的建筑冷、热、电、气等能源的逐时消耗变化：热负荷（W/m²）、冷负荷（W/m²）、含空调电耗总电耗（kWh）、气耗（Nm³）、空调电耗（kWh）可以结合全年气候变化，参照同地区同属性的学校建筑进行单位面积估算。

对于各种新能源利用问题，以光伏为例，包括建筑地理位置、经纬度、海拔、日期时间、气象参数、风速、月平均辐射量、漫反射度；光伏组件类型、倾角、方位角修正系数、发电系统可用率、光照利用率、逆变器效率、集电线路、升压变压器损耗、光伏组件表面污染情况、光伏组件转换效率等数据。另外，通过以上气候数据也可以获得太阳能光热转换资源、光伏电力资源、风力资源以及部分地热资源等新能源的储量信息，便于建筑设计的参考和使用。在新能源利用上，比如光伏与建筑一体化问题，在气候环境之外，建筑安装面积、电池的性能参数、最佳安装角度、逆变器效率，都在逐渐地走向透明化、标准化（图4-14）。

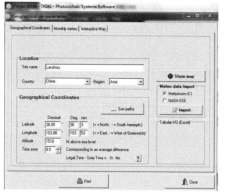
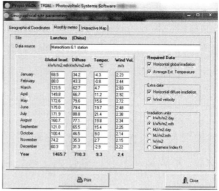

图4-14　光伏软件PVSYST界面

4.4　寒冷地区校园综合体的低能耗模块化设计方法体系

寒冷地区校园综合体的低能耗模块化设计方法体系，是一个由复杂的综合体能源问题，解构为数栋单体能耗模拟，结合权衡优化的模块化设计过程，即是由低能耗影响下校园综合体建筑的标准化设计、组合化设计、系列化设计等模块化设计方法组成，将复杂的问题进行简单化处理。

标准化是指一个产品经过大量的社会实践，观察和优化的重复性过程，获得统一化的集成秩序和最佳效益。系列化是标准化的高级形式，是对同一类产品的结构形式和主要参数规格进行标准化形式规划；组合化是按照标准化、系列化的原则，设计并制造出一系列通用性较强、系列化的单元，根据社会生活需要拼合成不同用途产品的高级形式。

4.4.1　校园模块化设计与传统校园低能耗设计的区别

4.4.1.1　校园规划过程中的能耗设计节点不同

建筑外在的自然资源以及建筑内部能源的优化问题，是校园项目建设后期能源高效利用的设计基础。根据第 2 章校园形态演化和能源利用现状，以及第 3 章影响因素敏感性分析结果，本章提出校园建筑设计需要全程化的低能耗设计，将建筑节能设计移至校园建设的设计前期阶段。

传统校园的低能耗设计，是在建筑规划设计之后的优化设计。校园的能源规划设计是在校园建筑规划完成基础上的整体型能源利用规划设计，节点往往放在校园建筑规划以后的位置；建筑节能是针对具体建筑的外墙、屋顶、门窗等外围护结构保温隔热设计，以及建筑内部负荷、设备、节能标准设定的具体化设计，所以建筑节能是针对建筑单体的具象化设计，是放在建筑施工图阶段完成的；新能源收集，按照惯例是在建筑规划完成以后的，结合建筑群的室外环境，进行的后期优化设计，也是在建筑设计阶段完成的。可见，校园建筑的节能设计问题具有一定的被动性。

低能耗设计是一个环环相扣的设计过程，需要从校园建设前期介入。本章提出全程化的能耗设计方法，在校园项目的建筑规划之前，提出利用现下的校园建筑单体节能标准、规律性的用能及作息特征获得校园建筑单体的负荷模拟（建筑用能初步估算），结合国家校园校舍及配套环境的要求标准及常用的新能源收集系统估算建筑新能源供需总量及空间预留（新能源输入及空间配置），

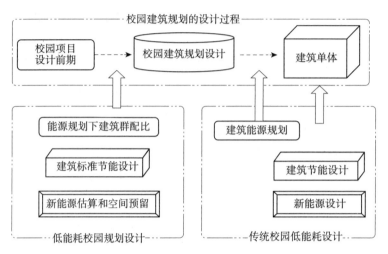

图 4-15　全程化的校园建筑低能耗设计过程示意

以能源规划的方法获得负荷约束下的综合体或组团的建筑群配比（多建筑负荷优化及建筑群配比），如图 4-15 所示。这样一来，校园建筑设计前期的低能耗设计约束，会为下一步建筑设计阶段的能源利用设计或运行阶段的能源管理打下良好的设计基础。

4.4.1.2　模块化设计下综合体建筑的解构与重构

模块化设计是将一个错综复杂的问题进行简单化处理的方法。校园建筑综合体是一个综合化的建筑群形体。校园建筑综合体的低能耗设计，与绿色校园、绿色建筑的"四节一环保"模块一样，可以将校园综合体（暂时忽略建筑之间的平台或走廊等连接形式）以功能为主，进行单体分解，再以某些约束性条件进行重组，形成性能优化的校园综合体设计（图 4-16）。

（1）模块化解构

校园综合体低能耗设计需要分级式的解构研究。从建筑综合体的宏观角度，将不同功能的建筑模块，按照单栋典型建筑的形态进行族群化分解，根据相关建筑当地要求的体形系数、窗墙比、遮阳性能以及外墙、屋顶、门窗的节能标准统计单栋建筑的每一个热工指标，利用 4.3 章节的相关设计参数、负荷、系统等参数数据库，结合校园建筑的用能需求和生活特征，预测出校园每一个建筑组件的能耗特征并进行全年能耗的初步模拟。

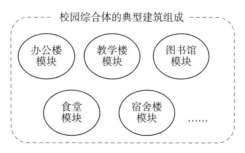

图 4-16　校园综合体的模块化解构与重构

（2）模块化重构

对于建筑综合体低能耗的模块化设计重构，是在分解族群的基础上，根据建筑综合体的建筑形态进行建筑负荷、配套产能的重新预评估，在校园规划前期注入低能耗的建设规划意识。其次，根据单栋建筑的逐时负荷模拟曲线进行负荷的平准化计算，获得校园综合体最优能耗的建筑功能配比，再结合新能源利用等设计约束条件，优化和指导建筑规划中综合体设计形式。同时，在校园项目设计时，以低能耗的量化设计，可以改变设计师只考虑建筑功能的约束，为设计师提供可靠的数据性参考。

4.4.2　建立低能耗的校园综合体组合化设计方法

"责其所难，则其易者不劳而正；补其所短，则其长者不功而遂"（《资治通鉴》）。综合体的组合化设计方法，是借助多个优势互补的单元模块，根据生活需要拼合成不同用途的产品，实现建筑功能、降耗减排、经济适用等多因素约束，设计并制造出一系列通用性较强、系列化的低能耗综合体单元。

（1）基于建筑能源与功能双约束下综合体的单体组合化设计方法

根据 1992 年原建设部、原国家计划委员会、原国家教育委员会联合发布的《关于批准发布〈普通高等学校建筑规划面积指标〉的通知》（建标〔1992〕245 号）：每所学校都必须配备有教室、图书馆、学生宿舍、学生食堂、办公科研类用房（校行政用房、系行政用房、实验室实习场所）、其他附属用房等。

可见，办公楼、教学（兼科研）楼、图书馆、食堂、宿舍五类建筑，成为校园功能不可缺少的典型组成（后勤服务、科研产业、教工生活作为辅助性的校园功能，本书暂时不做研究）。这些典型建筑，在建筑设计节能标准和用户需求下有着固定的建筑总能耗。同时，按照学校周期性的寒暑假和规律性的上下课、餐饮作息，在不同时间节点有不同的冷、热、电负荷的用能特征。面对高校教育的产业化、综合化、规模化发展，校园综合体形式已经走向成熟，在能源利用优化、建筑功能完善的双约束设计条件下，如何进行"削峰填谷""蓄热蓄冷"等能源优化方法，实现校园综合体的低能耗组合化设计，是未来校园建筑规划实现绿色建设的关键一环（图 4-17）。

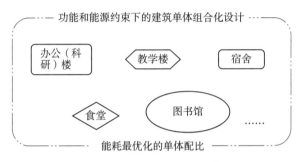

图 4-17　综合体单体的组合化设计示意

（2）基于建筑环境与能源双约束下综合体的配套环境组合化设计方法

校园建筑需要室外配套环境。新能源生产需要一定的建筑空间，综合体设计时需要结合建筑功能需求和用能问题一起考虑。例如太阳能需要在一定的太阳辐射及照度下考虑设备安装的角度和转化效率，借助于建筑屋顶、墙面等建筑表皮，这时建筑表皮面积与产能总量就有了一个空间耦合关系；而地源热泵技术则需要前期的试验井勘察及换热系数计算，同时需要有一定面积的室外开拓场地，如田径场、生态花园、道路等作为地下埋管施工场地，在单个地埋管换热量计算出来的情况下，室外环境的配套面积就与建筑供能之间产生了空间耦合和能源置换关系，如图 4-18 所示。

这样一来，作为寒冷地区的高校校园，建筑的外表皮（对应着太阳能能源）、建筑室外配套环境（对应着地热能源）与建筑综合体的功能配置和能源需求之间，就有了空间耦合和能源置换关系，而建筑表皮、室外配套环境与低能耗的建筑综合体能耗之间也就有了需求关系，即建筑环境与能源双约束下的校园综合体的组合化环境设计。

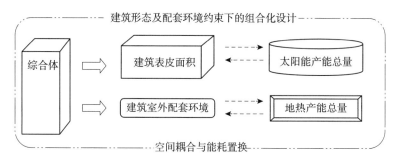

图 4-18 综合体配套环境的组合化设计示意

（3）基于校园空间耦合的多个综合体组合化规划设计方法

校园综合体按照教学单位的教学需求，由不同功能的建筑单体组成。经过建筑负荷最优配比以后，综合体的单体建筑面积组成就发生变化了，这样一来，就与建筑功能要求的配比出现了矛盾。于是，本书提出了多方案协同组合化规划设计方法，如图 4-19 所示。

首先是"多个综合体"的互补性组合化设计方法。利用经过优化配比的不同综合体，有着不同的功能组成，可以不用优化比例的叠加组成，实现相互弥补，实现建筑功能和能耗双约束以后的最大优化设计。

其次是"生态景观 + 多个综合体"产能型组合化设计方法。在低密度集约化的大型校园规划中，开拓的室外场地是校园综合体不可缺少的生态景观或学生活动场地配置，在实现学生就近体育活动的同时，也为建筑综合体的能源供应提供了方便，是一种多约束下的最优化组合设计方法。

最后是"多个综合体 + 共享模块"共享型组合化设计方法。经过"削峰填谷"等能源的最优化建筑配比以后，多个综合体建筑组合依然不满足校园教

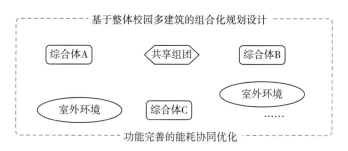

图 4-19 多组建筑整合的组合化规划设计示意

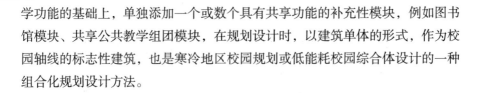

学功能的基础上，单独添加一个或数个具有共享功能的补充性模块，例如图书馆模块、共享公共教学组团模块，在规划设计时，以建筑单体的形式，作为校园轴线的标志性建筑，也是寒冷地区校园规划或低能耗校园综合体设计的一种组合化规划设计方法。

4.4.3 建立低能耗的校园综合体系列化设计方法

对于校园综合体来说，系列化设计，是对同一类建筑产品的结构形式和主要参数规格进行标准化规划。综合体低能耗模块化设计有校园节能、建筑综合体、新能源利用等系列化设计和发展。

（1）校园建筑的节能要求，呈现政策系列化

1996 年，国家结合校园扩招提出"可持续发展教育"理念，受到学术界及政府相关部门的高度关注。对于我国校园建筑节能的研究，始于 2005 年国家关于展开节约型校园及大学校园的绿色建设理念。

2006 年，国家明确以"资源节约型、环境友好型"为导向，建设具有节能示范作用的节约型校园。至此，国家以准确定位、技术路线，为节约型校园提供了合理化的建设指南。

2013 年，国家在绿色建筑设计评价的基础上，推出《绿色校园评价标准》CSUS/GBC 04—2013，对学校建筑的节能工作，提出建设全国"绿色校园"的行动。

伴随着建筑能耗水平逐年上升，国家提出建筑节能发展的三个阶段（即建筑节能"三步走"战略）：第一阶段，新建采暖居住建筑能耗降低 30%，此标准主要适用于居住建筑集中采暖的新建和扩建以及居住区供热系统的节能设计，不适合校园公共建筑；第二阶段，自 1996 年起，在达到第一阶段要求基础上再节能 30%，后来陆续制定的居住建筑节能设计标准以及公共建筑节能设计规范，均规定节能率为 50%，此标准从严寒和寒冷地区的建筑热工与采暖节能设计推广到了各类建筑，同样适合于高校校园建筑节能设计；第三阶段，即节能 65%，目前居住建筑执行的节能标准《严寒和寒冷地区居住建筑节能设计标准》JGJ 26—2018、《夏热冬冷地区居住建筑节能设计标准》JGJ 134—2010，公共建筑执行的节能标准《公共建筑节能设计标准》GB 50189—2015 均规定节能率为 65%。2016 年，国家标准出台了以建筑能耗数据为核心的《民用建筑能耗标准》GB/T 51161—2016，这一标准使得居住建筑和公共建筑节能开始真正的实行能耗量化

设计，标志着现代校园建筑能源利用工作也开始进入能耗计量时代。

（2）新能源利用系列化

现在高校规划设计中，新能源利用很多。主要有太阳能集热、太阳能光伏电池、风光互补系统、地热采集系统等，其施工安装场地基本上就是建筑表皮、校园道路等配套环境，可以按照能源需求、场地面积和区域气候情况，设计新能源的安装设备和容量。

在新校园建筑能源的系列化设计上，太阳能集热从普通集热系统到真空管集热系统，发展到聚光集热系统；太阳能光伏也从晶硅电池发展到了薄膜电池技术；地源热泵技术出现了浅层地源和深层地源采集系统。

在新能源和建筑一体化上，出现了一系列的地面太阳能电站、屋顶太阳能电站、光伏建筑一体化电站、太阳能停车棚、太阳能路灯 / 风光互补路灯、太阳能草坪灯、太阳能杀虫灯。

在能源利用政策上，国家发布《国家能源局关于印发分布式光伏发电项目管理暂行办法的通知》（国能新能〔2013〕433 号）。对光伏扶贫电站和户式分布式光伏以外的分布式光伏建设进行严格限制，国家通过鼓励市场化交易，逐渐降低补贴数额，到 2020 年基本取消国家补贴。

（3）从传统教学模式来说，校园综合体建筑系列化已经形成

从校园建筑本身来说，1992 年，原建设部、原国家计划委员会、原国家教育委员会联合发布的《关于批准发布〈普通高等学校建筑规划面积指标〉的通知》（建标〔1992〕245 号）规定每所学校都必须由教室、图书馆、学生宿舍、学生食堂、办公科研类用房（校行政用房、系行政用房、实验室实习场所）、教工宿舍、其他附属用房等共十三项校园功能组成。同时，教学科研、学生生活、体育运动之间又有着不可替代的联系作用，可见校园建筑本体之间的系列化已经形成。综合体本身就是一种特殊的校园综合体建筑，已具备了系列化设计方法（图 4-20）。

（4）从建筑与新能源利用来说，校园建筑低能耗也有系列化设计趋势

绿色校园评价的系列化问题。校园建筑是和社会经济息息相关的，污染的城镇环境使得校园建筑逐步走向低能耗的综合体建筑。随着城镇污染和资源紧缺，现代社会已经进入了绿色建筑的时代，校园建筑从单体节能、低碳减排、绿色校园，到以后的《绿色建筑评价标准》GB/T 50378—2019、《绿色校园评价标准》GB/T 51356—2019，以建筑能源高效利用作为内在线索，形成校园建筑组

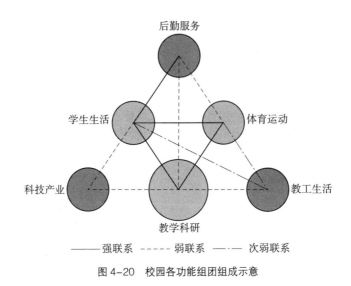

图 4-20   校园各功能组团组成示意

合的良性发展。从能源利用发展来说，现代校园已经进入了从校园普通的单体建筑、建筑组团、综合体建筑，以系列化的趋势，走向低能耗的校园综合体时代。

从可再生能源利用的系列化重组来说，根据校园调研，常用的一次绿色能源收集技术，有太阳能、浅层地热等资源利用。利用建筑的屋顶、外墙、门窗等载体，结合光伏（薄膜）电池或集热设备，收集太阳能能源，为建筑提供可持续的建筑能源。或者利用建筑附近的大型草坪、道路、操场等开阔地面的地下地热，通过地源热泵技术收集地热资源。

4.4.4   建立低能耗的校园综合体标准化设计方法

信息标准化，是指一个产品经过大量的实践、观察和优化的重复性过程，实施统一工艺和技术流程，以获得产品的集成秩序和最佳效益。参照本章 4.3 节部分的低能耗部件级、组件级、元件级参数数据库，应用在新校园建筑的标准化设计上，为校园建筑的系列化设计提供标准化的基础数据。以下是光伏与建筑一体化标准化设计：光伏电池参数属于元件级数据，光伏组件属于组件级数据，光伏与建筑一体化及相关数据属于部件级数据，如图 4-21 所示。

寒冷地区气候数据库，包括通过整理多年的气候历史信息或参考 NASA 气候数据库信息，形成标准化的气候指标参数。

校园校舍建筑面积指标、建筑规模、朝向及墙面、屋顶面积、室外活动场

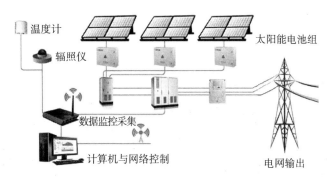

图 4-21　光伏发电系统的标准化信息模拟

地配置，以及各类建筑设计标准（规范）、建筑设计资料集等，形成建筑设备安装的标准数据。

太阳能光热转换资源、光伏电力资源、风力资源以及部分地热资源等新能源与建筑一体化问题，在气候环境之外，建筑安装面积、电池的性能参数、最佳安装角度、逆变器效率，属于设备自身参数的标准化设计。

在校园建筑的能耗需求中，按照周期性的作息习惯及寒暑假，用户在建筑中的时间也是固定的。对于全年的建筑冷、热、电、气等能源的逐时消耗变化：热负荷（W/m^2）、冷负荷（W/m^2）、含空调电耗总电耗（kWh）、气耗（Nm^3）、空调电耗（kWh），则属于校园建筑的能耗需求计算参数。

例如，校园图书馆建筑的光伏一体标准化设计，在输入数据库参数以后模拟建筑的光照标准化信息，进行设备安装和数据设定，如图 4-22 所示。

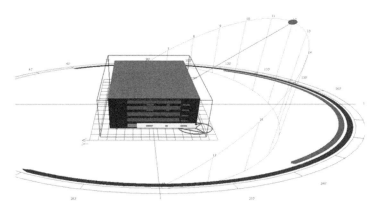

图 4-22　校园图书馆的标准化信息模拟

4.5　大型校园案例解读：华北理工大学曹妃甸校区规划设计

图 4-23　华北理工大学曹妃甸校区规划示意图

华北理工大学曹妃甸校园：该校园于 2014 年 7 月正式开工建设，位于唐山湾生态城北部渤海大道以北、中海东路以东，占地 4500 亩，总建筑面积 103.6 万 m²。其设计理念是坚持以"国内知名大学"和"国内一流的现代化大学校园"为设计目标，充分体现以教学为中心，以学生为主体，教学并重的现代化办学理念，科学合理地布置教学区、生活区、体育运动区，形成一个稳定、均衡、和谐的整体格局。

按照模块组团式结构布局理念，除公共教学区外，专业教学区划分为文理组团、医学组团、冀唐组团、工学组团。学生生活区分为梅园、兰园、竹园、菊园四个生活区，包括学生公寓、食堂、大学生活动中心、大学生服务中心等。运动场区设置在校园东西两侧，包括四个田径场及其附属的篮球场、排球场、网球场等，如图 4-23 所示。校园以生态为基础，以功能优先为原则，体现滨海地域特色、体现华北理工校园历史厚重性与传承性，为教学科研及师生工作、学习、生活提供极大的方便，是一座具有浓郁文化气息的生长型智慧校园。

第5章

基于校园综合体外在形态的
低能耗模块化设计

基于外在形态的综合体低能耗设计解构
外在形态的初步规划控制
与低能耗设计耦合的建筑表皮空间整合
能源供需下综合体配套环境空间预测
大型校园案例解读：天津大学津南校区规划设计

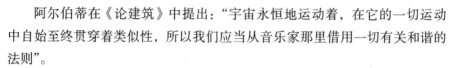

阿尔伯蒂在《论建筑》中提出："宇宙永恒地运动着，在它的一切运动中自始至终贯穿着类似性，所以我们应当从音乐家那里借用一切有关和谐的法则"。

建筑综合体，是由多个不同的功能空间组合而成的建筑，而校园的建筑综合体，则是介于单体和群体间一组特殊的校园大型建筑。结合第 4 章的校园建筑设计参数数据库和模块化研究方法，本章在校园建筑能源利用影响的基础上对校园综合体进行单体建筑解构和低能耗组合重构：以综合体建筑的外在形态（包括配套环境）入手，首先从典型建筑分解、自节能参数设定、单体互补组合、尺度控制等方面进行形态初步控制，其次利用 NASA 气象数据库和 PVSYST 光伏模拟软件、建筑能耗模拟软件、HOBOware Pro version 软件以及敏感性聚类分析等方法，对校园综合体的建筑外表皮、配套环境等设计空间与太阳能（或地热）进行供需关系及能源置换等耦合研究，分析校园建筑外在形态与能源利用等耦合关系，为校园规划决策者和设计师提供外在形态的能源问题研究基础。

本章和第 6 章属于平行章节，可以为第 4 章模块化研究方法提供量化的多因素约束条件和低能耗设计研究路径，其研究目的是为第 7 章校园综合体建筑的低能耗设计实际应用提供设计依据和条件设定。

5.1　基于外在形态的综合体低能耗设计解构

5.1.1　构建模块化形态的校园综合体

对于高校校园来说，综合体就是建筑空间和功能组织的一种整合模式。这种校园建筑用联系长廊、院落围合、大型基座、屋盖覆盖等结合形式，将学校全部或部分的校园功能，如教学、餐饮、住宿、办公、运动等整合于一座大型建筑中。如果将各个建筑功能看作独立的模块，综合体就是串联各个模块成一个整体，有效整合建筑空间，形成一个现代校园的建筑综合体。

随着新校园规划场地的规模扩大，校园建筑往往以成组的模式出现，这样一来，大学校园的综合体就开始出现了。校园综合体按照校园功能和内容，大致可以分为三个层面，如图 5-1 所示。

第一层面：教学部分由院系教学、办公、科研等组成的教学综合体；生活部分由多栋宿舍楼组成的宿舍综合体，这些总体体量一般不会太大，甚至

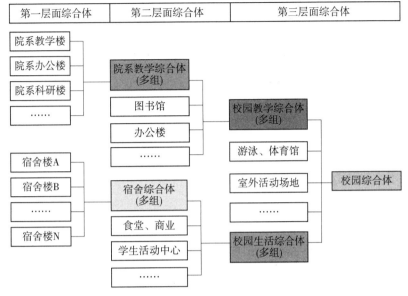

图 5-1　校园综合体模式的三个层面

会以独栋或成组的建筑形式出现，这种小体量的综合体模式在大型新校区的建设中比较普及。

第二层面，教学部分由多个或所有的院系综合体，结合办公、图书馆（或图书分馆）等建筑组成校园教学综合体；生活部分由多组宿舍综合体，结合食堂等建筑，组成校园生活综合体。这样校园建筑综合体，多学院"教、学"一体，功能综合，体量适宜，是很实用的校园空间，在以后校园里有很好的发展空间。

第三层面，由校园教学综合体、校园生活综合体以及体育活动设施，共同组成校园综合体，这种形式，实现了"产、学、研、宿"中的三种或四种功能的一体化设计，虽然体量较大，但是工作效率却很高，在国外高校建设较多。

例如，南开大学津南新校区的"4+1"组团的建筑群体，就是由多个第二层面或第一层面的院系教学综合体或生活综合体组成，由一个或多个建筑功能模块，结组成栋，通过关联建筑或连廊或天桥相连而成。

可见，高校校园的综合体模式，具有特殊的空间组合形式，建筑群体集中、功能相对独立，拥有与外界紧密的交通联系；建筑规模宏大，人口高度集中，各单体建筑相互配合和联系；拥有相对完整的教学工作及校园运营体系。校园综合体建筑具有模块化建筑解构和重构的设计特点和研究基础。

5.1.2　综合体形态设计解构

21世纪以来，校园招生和建设规模的逐渐扩大，校园的建筑能耗逐渐成为现代高校规划不可忽视的组成部分，而校园建筑群体自身的低能耗问题也就成了校园规划前期的首要问题，如图5-2所示。

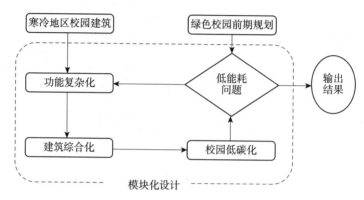

图5-2　绿色校园建筑规划的低能耗设计

模块化设计，是将复杂的问题简单化研究。校园综合体是单体建筑设计向复合型建筑规划的过渡性设计研究，属于一个既有单体分工又有综合联系的综合建筑。建筑综合体是绿色校园建筑的组成单元之一，其建筑功能与节能设计都逐步走向复合化、综合化。随着城镇能源和经济发展，校园建筑以"教学"为中心的基本模式：教学楼、食堂、宿舍、图书馆以及办公（兼科研）楼，依然是校园的典型建筑和基本构成元素。但校园建筑功能流线设计，开始综合气候、功能、交通等因素一起考虑，从单一化问题走向功能复杂化、建筑综合化、校园低碳化。可见，对于寒冷地区校园的建筑低能耗设计，进行模块化地设计分解，是校园建筑低能耗设计的设计方法之一。

对于综合体的能耗来说，构建外在因素（外在表皮形态和配套环境）和内部因素（建筑负荷）上的统一协调，成为解决相对独立的校园综合体低能耗设计问题的最佳方法。本章针对建筑综合体外在形态的模块化设计分解方法，初步可以分为外在形态控制、建筑表皮或配套环境空间耦合及能源置换等方面，进行低能耗约束性设计，如图5-3所示。

首先是综合体自节能设计模块：建筑单体的初步节能设计，即建筑自节

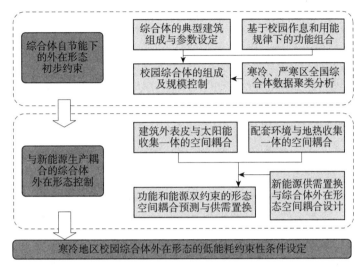

图 5-3　校园综合体外在形态的低能耗设计路径

能约束，按照当下设计规范和政策要求，从综合体建筑单体上实现节能设计；其次利用不同功能单体的周期性作息、用能规律特征，在校园建筑规划中实现低能耗的建筑设计，即初步按照学校的作息规律和周期性寒暑假，不同功能的建筑部分在不同时段使用，用能程度也是不一样的，初步实现以校园作息规律及用能特征为基础的建筑互补性优化重组；再者，调研全国寒冷、严寒地区的高校综合体数据进行分析归纳，获得特殊气候下的校园综合体形态控制参数设计。校园建筑综合体作为一个能耗整体，体量介于建筑单体和群体之间，结合自身形态的低能耗是很重要的一环。

其次是建筑新能源补充模块：即新能源与建筑一体化的整合设计。利用建筑的屋顶、墙面等建筑外表皮以及校园花园、操场等开阔的配套环境，结合地区气候及建筑环境对太阳能、地热能等新能源进行一体化设计利用，在校园规划前期，初步实现在建筑表皮或配套环境场地的供能面积与建筑综合体能源需求之间，找到一个供求关系，实现低能耗建筑设计的目的。

本书第 5 章（基于校园综合体外在形态的低能耗模块化设计）以及第 6 章（基于校园综合体内部负荷的低能耗模块化设计）的规范、标准参数数据选取，均以第 7 章石家庄某大学新校区的低能耗校园规划设计应用为基础，形成相应的低能耗约束条件设定。

5.2 外在形态的初步规划控制

5.2.1 外在形态数据的聚类分析

随着用户对高校建筑舒适度和新校园大规模的高标准追求，校园建筑的复合化、综合化特征日益明显，大体量的校园建筑综合体设计已经成为常态。但如何从校园规划中构建低能耗、高效率的综合体外在形态设计，却是一个难题。

针对以上问题，作者对北方校园建筑以实地勘查、谷歌地图或百度地图的采集形式，调研全国寒冷、严寒地区气候下的 50 所重点高校，包括西北工业大学、西安建筑科技大学、天津大学、郑州大学、沈阳建筑大学等老校园或新校园在内的 69 栋校园综合体（其中寒冷地区 59 栋、严寒地区 10 栋），进行校园建筑名称、功能属性、标准层面积、建筑层数、主要朝向、建筑长边、建筑短边、长宽比以及建筑影像信息等数据采集和整理（附录 A），研究综合体的发展趋势（因为严寒地区与寒冷地区气候相近，均以体形系数、朝向等进行限制性设计，与其他气候有很大的差异，本书在对寒冷地区 59 栋、总数 69 栋校园综合体参数进行比较之后，发现差异不大，所以采取寒冷、严寒地区综合体模式进行形态聚类研究）。

SPSS 为美国 IBM 公司推出的用于统计学数据挖掘、预测分析、分析运算和决策支持任务的一系列设计产品软件及相关技术服务的总称。平台具有自动统计绘图、数据深入分析、使用方便、功能齐全等优点，是国际上最具影响力的统计软件平台之一，使用十分广泛。本节采用 SPSS 进行数据运算和分析。

全国校园综合体调研数据的聚类分析：根据全国寒冷、严寒地区 69 座校园建筑综合体的调研数据（调研表格见附录 B），运用 SPSS24.0 统计分析软件平台对调研数据（建筑层数、标准层面积、建筑朝向、长宽比系数、建筑长边、建筑短边）进行皮尔逊相关性分析。

由表 5-1 可知，各项指标数据相关性显著（显著性值小于 0.05）的有：标准层面积和建筑短边、标准层面积和建筑长边、建筑短边和建筑长边、建筑长边和长宽比系数、建筑短边和长宽比系数（其相关系数依次为：0.725、0.639、0.498、0.298、−0.542）。根据相关性系数绝对值的大小进行分类（分类标准：强相关：值 ≥ 0.5，一般相关：0.3 ≤ 值 ≤ 0.5，弱相关：0.1 ≤ 值 ≤ 0.3），其中标准层面积与建筑长边和建筑短边分别具有强相关性；建筑短边与长宽比系数呈强负相关性；建筑短边与建筑长边呈一般正相关性；建筑长边与长宽比系数呈弱正相关性。

各指标数据相关性分析　　　　　　　　　　表 5-1

数据 内容	标准层 面积	建筑短边	建筑长边	建筑 层数	建筑 朝向	长宽比 系数
皮尔逊相关性	1	0.725**	0.639**	0.066	0.038	-0.180
P（双尾）		0.000	0.000	0.588	0.759	0.139
个案数	69	69	69	69	69	69
皮尔逊相关性	0.725**	1	0.498**	-0.006	-0.037	-0.542**
显著性（双尾）	0.000		0.000	0.959	0.763	0.000
个案数	69	69	69	69	69	69
皮尔逊相关性	0.639**	0.498**	1	0.064	0.064	0.298*
显著性（双尾）	0.000	0.000		0.600	0.601	0.013
个案数	69	69	69	69	69	69
皮尔逊相关性	0.066	-0.006	0.064	1	0.087	-0.068
显著性（双尾）	0.588	0.959	0.600		0.478	0.582
个案数	69	69	69	69	69	69
皮尔逊相关性	0.038	-0.037	0.064	0.087	1	0.025
显著性（双尾）	0.759	0.763	0.601	0.478		0.839
个案数	69	69	69	69	69	69
皮尔逊相关性	-0.180	-0.542**	0.298*	-0.068	0.025	1
显著性（双尾）	0.139	0.000	0.013	0.582	0.839	
个案数	69	69	69	69	69	69

**. 在 0.01 级别（双尾），相关性显著；*. 在 0.05 级别（双尾），相关性显著。

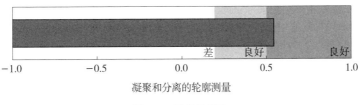

凝聚和分离的轮廓测量

图 5-4　聚类质量图

　　对建筑指标数据进行聚类分析，依据各指标数据间不存在显著相关性的原则，删除建筑长边和建筑短边两项指标，对剩余 4 项指标进行二阶聚类分析，以建筑层数为分类变量，其余 3 个指标为连续变量，用施瓦兹贝叶斯准则

（BIC）进行聚类演算。由表 5-2 可知，类别 2 的 BIC 数值最小，且 BIC 变化量的绝对值和距离测量比率均较大，因此判断最佳类别数目为 2。由图 5-4 可知凝聚和分离的轮廓测量值大于 0.5，聚类质量良好。

对聚类结果进行分析，由表 5-3 和图 5-5 可知，类型 1 建筑层数为 6 层，且标准层面积的标准差较小，说明该指标的大部分数值接近平均值；其聚类质心分布情况为：标准层面积的平均值约 9000m²，建筑朝向平均值约 170°，长宽比系数平均值约 2.7。类型 2 建筑层数为 5 层，且建筑朝向和长宽比系数的标准差较小，说明这两项数据和平均值之间的差异较小；其聚类质心分布情况为：标准层面积的平均值约 14000m²，建筑朝向平均值约 180°，长宽比系数平均值约 2.2。组合质心分布情况：标准层面积的平均值约 11000m²，建筑朝向平均值约 174°，长宽比系数平均值约 2.5。

自动聚类   表 5-2

聚类数目	施瓦兹贝叶斯准则（BIC）	BIC 变化量 [a]	BIC 变化比率 [b]	距离测量比率 [c]
1	486.886			
2	463.406	−23.480	1.000	1.621
3	478.099	14.693	−.626	1.398
4	510.318	32.219	−1.372	1.742
5	561.284	50.965	−2.171	1.284
6	617.827	56.543	−2.408	1.098
7	676.120	58.293	−2.483	1.088
8	735.866	59.747	−2.545	1.415
9	800.442	64.575	−2.750	1.045
10	865.518	65.077	−2.772	1.064
11	931.265	65.746	−2.800	1.048
12	997.493	66.228	−2.821	1.068
13	1064.352	66.860	−2.847	1.390
14	1133.834	69.482	−2.959	1.366
15	1205.119	71.285	−3.036	1.048

a. 变化量基于表中的先前聚类数目；b. 变化比率相对于双聚类解的变化；c. 距离测量比率基于当前聚类数目而不是先前聚类数目。

聚类质心　　　　　　　　　　　表 5-3

		标准层面积 /m²		建筑朝向 /°		长宽比系数	
		平均值	标准差	平均值	标准差	平均值	标准差
聚类	1	8993.3333	4325.66890	169.0278	35.51296	2.6561	1.58546
	2	13666.9697	9893.58804	179.2424	28.25999	2.2324	0.89751
	组合	11228.5507	7824.57991	173.9130	32.42491	2.4535	1.31085

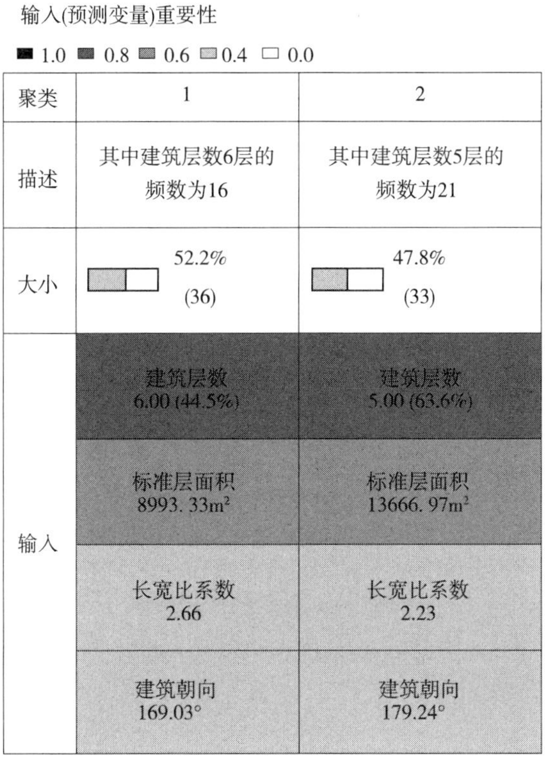

输入(预测变量)重要性
■ 1.0　■ 0.8　▨ 0.6　▢ 0.4　□ 0.0

聚类	1	2
描述	其中建筑层数6层的频数为16	其中建筑层数5层的频数为21
大小	52.2% (36)	47.8% (33)
输入	建筑层数 6.00 (44.5%)	建筑层数 5.00 (63.6%)
	标准层面积 8993.33m²	标准层面积 13666.97m²
	长宽比系数 2.66	长宽比系数 2.23
	建筑朝向 169.03°	建筑朝向 179.24°

图 5-5　聚类主视

由聚类分析主视图（图 5-5）可知，类型 1 包含建筑 36 个，占总建筑数的 52.2%，其中建筑层数为 6 层的有 16 个。类型 2 包含建筑 33 个，占总建筑数的 47.8%，其中建筑层数为 5 层的有 21 个。从预测变量的重要性来看，建

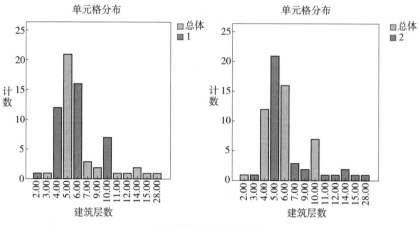

（a）建筑层数单元格分布图

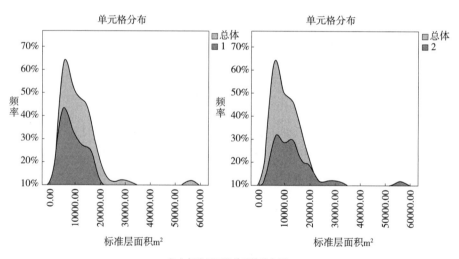

（b）标准层面积单元格分布图

图5-6　聚类辅助视图各变量单元格分布

筑层数和标准层对聚类预测贡献较大，是影响聚类结果的两个主要变量。进一步了解这两项指标的辅助视图单元格分布情况，由图5-6可知，类型1的建筑层数以4层和6层为主，标准层面积以7000~12000m² 为主。类型2的建筑层数以5层为主，标准层面积以6000~15000m² 为主。

同时，由上图69组综合体的建筑长宽分布散点图可知（图5-7），95.7%综合体建筑长边都分布在100~350m，96.2%的建筑短边均在50~200m。

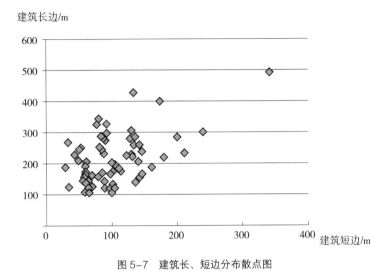

图 5-7　建筑长、短边分布散点图

综上所述：通过 69 组寒冷、严寒地区的高校综合体建筑数据（建筑朝向、标准层面积、建筑层数、长宽比系数、建筑长边及短边）聚类分析，进行皮尔逊相关性分析研究，多数综合体建筑具有以下建筑形态特点：

建筑层数为 4~6 层（可定为 5 层），标准层面积为 6000~15000m²，即综合体的体量不大于 9.0 万 m²，建筑高度不大于 24m；

建筑长边为 100~350m，建筑短边不大于 200m，而长宽比系数为 2~3；

建筑朝向为 150°~200°，以南向为主。

5.2.2　步行生活的尺度控制

多数建筑内部或之间的交流以步行交通为主，需要一定的尺度限制。按照《城市道路工程设计规范（2016 年版）》CJJ 37—2012，主市区内两个公交站台的间距一般为 400~800m；《城市综合交通体系规划标准》GB/T 51328—2018 建议城市道路网间距设置次干路为 350~500m；在《交通工程手册》中，行人的平均速度为 0.9~1.2m/s，一般以 1.0m/s 计，五分钟是 300m。说明在城市的自然环境下，行人行走的合适距离是 300~400m，一个行人疲劳的界点即"五分钟"的步行距离。

参照居住区规划标准，建立适合校园生活的建筑尺度。随着寒冷地区校区规模的不断扩大，基本的上课活动，都得借助自行车、电瓶车甚至校内公交车等不必要的交通工具，不仅浪费资源而且也浪费高校师生的学习科研时间，明显是不合理的。

高校校园是师生们的教学、生活空间，类似于微缩化的城市社区，因此参照《城市居住区规划设计标准》GB 50180—2018 中"5 分钟生活圈"的概念，使使用者能够在步行范围内满足不同程度的生活需求为基本划分原则下，以步行 5 分钟（300m）、10 分钟（500m）、15 分钟（1000m）距离为分级标准，合理控制校园综合体或建筑群的模块规模，实现低碳化校园生活（表 5-4）。

这样一来，综合体就以人的步行可达和基本生活需求为基础，以单栋建筑为基本单元；结合校园使用者的生活规律，在步行 5 分钟、10 分钟、15 分钟的基础上形成了三个层面的生活圈；根据步行出行规律，三个生活圈可分别对应在半径（面积）为 300m（120~300 亩）、500m（500~750 亩）、1000m（2000亩左右）的空间活动范围内，分别满足院系级的生活综合体区或教学综合体及组团模块、多院系级的生活综合体或教学综合体及组团模块、整个校园的综合体或组团模块。

城市居住区生活圈的尺度划分 表 5-4

居民步行时间	定义	面积	居住人口
15 分钟生活圈	指步行 15 分钟可满足其物质与文化生活需求为原则划分范围	130~200hm^2	45000~72000 人
10 分钟生活圈	指步行 10 分钟可满足其生活基本物质与文化需求为原则划分范围	32~50hm^2	15000~24000 人
5 分钟生活圈	指步行 5 分钟可满足其基本生活需求为原则划分范围	8~18hm^2	5000~12000 人

同时，一定尺度的校园规划单元，可以配置适宜规模的配套设施。在教研、食宿、运动等基本校园功能之外，作为校园建设的辅助模块，还需要餐饮、商业、体育、娱乐等配套设施。只有适宜距离尺度的配套设施，结合一定规模的服务人口，才会达到较好的服务效果，保障其运行效率。

结合调研数据建筑长、短边分布散点（图 5-7）、交通以及居住区尺度分析：建筑的体量不宜大于半径 300m，尽量在 5 分钟生活圈内解决基本的生活问题，而建筑的教学、办公或教学、宿舍等联系性紧密的主要功能之间以300~350m 比较适宜。

5.2.3　多目标耦合的功能组合

寒冷地区校园综合体建筑的低能耗设计目的，是为了给师生生活提供更舒适的建筑空间，满足师生的日常教学活动，所以建筑物是能源利用的设计载体，而校园师生则是空间的主要使用者，能源利用随着建筑功能和师生行为的存在而存在，所以校园建筑低能耗设计的原则是在满足功能的基础上实现低能耗设计，即"功能＋能源"双约束设计。

（1）典型功能的选取

随着校园科研的出现，高校功能发生了很大的变化。现代高校主要功能有校园学生生活（食堂、宿舍）、教学科研（办公楼、教学楼、实验楼、图书馆）、体育运动（操场、球场或其他室外活动场所）三大部分，这三部分可为师生们提供基本的生活功能。1992 年，原建设部、原国家计划委员会、原国家教育委员会第一次联合发布《关于批准发布〈普通高等学校建筑规划面积指标〉的通知》（建标〔1992〕245 号），规定每所高校都必须配备有教室、图书馆、学生宿舍、学生食堂、办公科研类用房（校行政用房、系行政用房、实验室实习场所）、教工宿舍、其他附属用房等共十三项。

可见，办公（包括各级办公、科研实验等）楼、教学楼、图书馆、食堂、宿舍五类校园的典型建筑，是现代高校校园功能不可缺少的组成部分（对于教工生活等辅助性的校园功能，本书暂时不做研究）（图 5-8）。

在校园基本功能的基础上，根据校园综合体调研数据的聚类分析结论，可知校园建筑主要为 4~6 层，本书取 5 层（符合多层建筑的高度）。

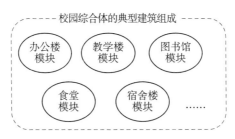

图 5-8　现代校园建筑的标准化配置

根据建筑相关标准规范、技术措施、设计资料集以及寒冷地区的传统习惯等因素，为后面的能耗模拟初步确定模块化的建筑模型。首先，在校园内五类典型建筑的模型选取上，按照七级烈度设防，除了宿舍楼按照砖混结构（240厚普通多孔砖，外加保温）以外，其他建筑以钢筋混凝土的框架结构（外墙200厚砌块，外加保温）为主。其次根据《建筑设计资料集（第三版）》科教建筑篇的高等院校容积率：一般院校（综合、理工、师范、农林、医药等）为0.5。结合校园典型建筑在以建筑长度不设变形缝、高度为多层建筑的设计原则下，依据校园建筑的常用建筑设计规范、技术措施，获得基本的建筑原形及模型参数，如表5-5所示。

参考的设计规范及技术措施如下：

（1）《全国民用建筑工程设计技术措施节能专篇（建筑）》（2007年版）；

（2）《居住建筑节能设计标准》DB 11/891—2020；

（3）《公共建筑节能设计标准》GB 50189—2015；

（4）《建筑抗震设计规范》GB 50011—2010；

（5）《全国民用建筑工程设计技术措施：结构（结构体系）（2009年版）》；

（6）《民用建筑供暖通风与空气调节设计规范》GB 50736—2012；

（7）《建筑设计资料集（第三版）第4分册：教科·文化·宗教·博览·观演》（中国建筑工业出版社）。

基本建筑模型参数   表5-5

建筑类型	图书馆	教学楼	办公楼	食堂	宿舍
建筑面积 m²/ 层	1800	1260	1008	2700	960
长 × 宽（m）	60×30	60×21	60×16.8	60×45	60×16
层高（m）	4.5	4.0	4.0	4.5	3.6
层数	5	5	5	2	5
朝向	南北向为主	南北向	南北向为主	南北向为主	南北向

（2）国内外校园综合体的功能组合分析

结合第2章现代校园发展与演化，发现国内校园建筑功能正在走向交叉和延伸。随着社会经济发展和生活舒适度的提高，现代校园包含的办公（兼科研）、教学、图书馆、食堂、宿舍五类建筑，在功能上也走向新的拓展和交叉。通过寒冷、严寒地区 69 栋高校综合体的功能属性（附录 A）发现：教学楼、办公与科研、实验等数个功能合而为一，教学科研综合体已经很常见；食堂与小型超市、商业等合并为学术生活综合体；图书馆也在藏、阅等功能的基础上开展了自习、科研、学术交流或咖啡、复印等服务功能；宿舍为本科生、研究生宿舍或单身教师公寓提供不同等级的住宿功能。现代意义上的高校建筑，食堂、宿舍、图书馆等功能相对比较单一，而办公楼、教学楼，是可以相互兼顾或转化的。这些功能的交叉和综合，为校园综合体的产生创造了条件。

国外的高校综合体，功能聚合程度较高。国外的高校综合体多是规模较小的校园，学生数量较少，校园功能比较完整，大部分或全部的功能聚合到一个紧密联系的建筑群中，形成比较集中的建筑群。其综合体的建筑功能主要包括教学、图书馆、科研办公等建筑形式，或者将宿舍与教学部分集中于同一建筑内，例如东英吉利大学、莱斯布里奇大学等（表 5-6）。

港澳地区及国外校园综合体的功能组成　　　　　　　表 5-6

编号	综合体所属学校名称	地区/国家	功能
1	哈佛大学研究生中心	美国	宿舍、食堂
2	东京都立大学学生宿舍	日本	办公、宿舍、食堂
3	拉普兰大学二期工程	芬兰	办公、教学、图书馆、食堂
4	澳门大学	中国澳门	办公、教学、宿舍
5	香港城市大学	中国香港	办公、教学、图书馆、食堂
6	宫城大学	日本	办公、教学、食堂
7	比勒费尔德大学	德国	办公、教学、图书馆、食堂
8	东英吉利大学	英国	办公、教学、宿舍
9	南洋理工大学	新加坡	办公、教学、图书馆、食堂
10	莱斯布里奇大学	加拿大	办公、教学、宿舍
11	波鸿鲁尔大学	德国	办公、教学、图书馆、食堂
12	东京中央大学多摩校园	日本	办公、教学、图书馆、食堂
13	香港科技大学	中国香港	办公、教学、图书馆、宿舍、食堂
14	慕尼黑技术大学加尔兴机械工程分校	德国	办公、教学、图书馆、食堂
15	阿拉伯海湾大学	巴林	办公、教学、图书馆、宿舍、食堂
16	琦玉县立大学	日本	办公、教学、图书馆、食堂
17	神奈川县立保健福利大学	日本	办公、教学、图书馆、食堂

随着校园规模的不断扩大,学生的基本生活圈在缩小。随着校园规划的高容、低密特征凸显,校园的基本功能在不断地整合,尤其办公与教学区,教学区与图书馆,宿舍与食堂等功能联系紧密的建筑空间,正在形成一栋栋巨型的校园综合体,这也是国外校园的建筑综合体理论在我国的一种特殊形态的有力体现。

（3）校园"作息时间和人流特征"耦合的功能组合

校园周期性人员流动引起不同建筑能耗互补的特点。现代校园每年有周期性的寒暑假存在,具有周期性、不连续的用能特点,是不同于其他建筑的用能模式。一般北方高校的寒暑假都在100天左右,时间比较长,对校园建筑用能影响很大。近几年,调研石家庄铁道大学的校园寒暑假时间及建筑用能变化如表5-7所示,寒假天数约为42天,暑假天数约为63天（表5-7、表5-8）。

其次,校区建筑类型众多,用能时间与学生的作息规律有很大的关系。以石家庄铁道大学校园多年的调研数据可知,每天都有固定上下课及作息时间规律,各类建筑功能的使用人数和使用时间有着周期性的动态变化,如图5-9

近几年学校放假的节点和时间统计　　　　　　表5-7

年份	寒假		暑假	
	起止时间	天数	起止时间	天数
2016年	1月18日~2月28日	42	7月10日~9月3日	56
2017年	1月16日~2月19日	35	7月3日~9月9日	69
2018年	1月18日~3月4日	46	7月14日~9月8日	57
2019年	1月19日~2月25日	38	7月1日~9月8日	70

典型建筑的全年用能变化　　　　　　表5-8

建筑名称	用能时间表	利用率
公寓	冬季（11月15日~次年3月15日）取暖,夏季制冷,上课期间低功率运转	100%,不含寒暑假
食堂		
办公（科研）楼	冬季（11月15日~次年3月15日）取暖,夏季制冷,晚休期间低功率运转	100%,不含寒暑假
教学楼		
图书馆		

所示。正是这种有规律的固定人员在不同建筑的不同时间段集中，会在时间上造成不同建筑类型的最大用能负荷出现很大差别，不同类型建筑的人员、设备、灯光负荷值和作息时间随着用户在室时间长短，用能差异较大。

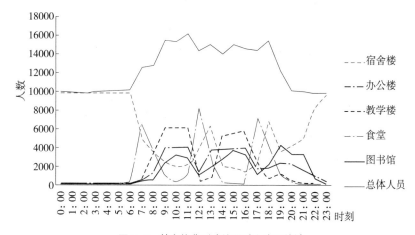

图 5-9　某高校典型建筑逐时人流量统计

校园主要用能有两部分构成：科研及教学设备和用户所在建筑用能。设备是固定的，而校区内主要用户是流动的，学生、教师和部分服务人员的固定活动都会带动建筑内部的能耗发生变化，且时间性、规律性比较明显，这一点应该引起设计者的重点关注。

按照石家庄铁道大学校园的建筑规模及人流在室时间，对于夏季冷负荷、冬季热负荷初步模拟，会发现建筑群之间的互补性、周期性的用能需求差异。

夏季冷负荷需求分析：

上午（8：00~12：00）和下午（14：00~18：00）工作时间内，随着校园学生生活作息规律，食堂类、宿舍类建筑的人员密度少，空调负荷较低，可以减少开机或不开机，而在校园的教学楼、办公楼、图书馆类建筑中，人员密度较大，建筑负荷也相应增加，并在下午出现用能负荷峰值；

早饭（6：00~8：00）、中饭（12：00~13：00）、晚饭（18：00~19：00）餐饮时间，人员主要集中在食堂吃饭；午休（13：00~14：00）和晚上（19：00~6：00）休息时间，人员主要在宿舍休憩，造成这两类校园建筑空间的用能增加，并出现最大值，而其他建筑负荷则相对较低。

通过能耗软件计算的各类建筑冷负荷变化曲线，具体如图 5-10 所示。

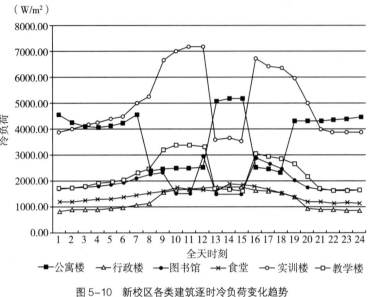

图 5-10 新校区各类建筑逐时冷负荷变化趋势

冬季热负荷需求分析：

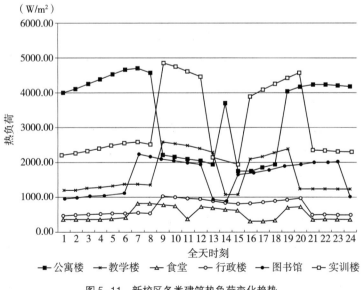

图 5-11 新校区各类建筑热负荷变化趋势

　　图 5-11 为通过软件计算的各类建筑冬季热负荷变化曲线。

　　由于寒冷地区气候的原因，人员停留在建筑中的时间更久，冬季各类建筑的热负荷需求规律性也就更加明显。在掌握校区建筑及人员作息信息（包括建筑本体信息、建筑内扰信息等）基础上，采用软件模拟建筑的能耗变化曲线，初步分析典型建筑功能、建筑能耗和逐时负荷变化规律，可以得出冬季热负荷需求曲线。根据不同建筑类型最大负荷出现时间上的差别，获得合理的同时使用系数，可以得出空调系统准确的总装机容量，以降低建筑综合体内的装机容量，是一种经济合理、减少能耗的最佳办法。

　　通过对校区建筑冷（热）负荷特征及同时使用系数的分析，师生作为一个庞大的移动用能负荷群在各类建筑之间流动，造成校区建筑负荷最大值出现时间上的差异。对于一个校园综合体建筑来说，实现装机容量最小的办法就是，利用不同建筑、同一时段的周期性建筑冷（热）负荷叠加，寻找不同建筑类型负荷的"峰谷互补"，使得建筑综合体实现合理的功能组合和互补，达到低能耗的设计目的。

　　所以，典型建筑的负荷曲线，规律性特征比较明显。从新校区不同建筑类型的冷（热）负荷变化趋势来看：食堂、行政楼一类建筑的冷（热）负荷变化较小，相对比较平稳；公寓楼一类建筑在上午和下午的上课时间，建筑使用人数较少，用能也最低；教学楼、图书馆以及实训（科研）楼属于一类，在白天上课时间用能比较集中，建筑负荷曲线变化大，有优化处理的空间。

　　综上所述，可以获得以下结论：

　　从功能联系上来说，在国内外案例中，办公与教学区、教学区与图书馆、宿舍与食堂等功能联系紧密的建筑空间，形成教学综合体、生活组合体，成为校园综合体主要聚集形态。一般办公（科研）楼、教学楼，属于功能流线比较紧密部分。

　　从用能特征上来说，结合校园人员的流动和负荷初步估算，在校园建筑中，宿舍（或公寓）和食堂一组不同于其他建筑，曲线走向与其他建筑正好相反，可以进行负荷"峰谷互补"优化。

　　从校园规划上来说，综合体的建筑组成需要建筑功能和低能耗因素的双重约束。图书馆在高校校园属于标志性建筑，宜独立设置；食堂具有火灾风险因素，尽量独立设置；宿舍、食堂是平衡其他建筑大量用能的最佳载体。多组"峰谷互补"的不同建筑，共同采用集中供冷（或供热）方案，可以初步减少建筑综合体的设备容量和配套设备初始投资，降低校园建筑的能耗。

新校区各类建筑热负荷变化趋势 表 5-9

建筑类型		主要用能时间	方案 A	方案 B	方案 C
教学楼		上课时	●	●	●
食堂		比较平和	●	●	○
宿舍楼		上课之外	●	●	●
图书馆	冷负荷	上课时	●	○	●
	热负荷	上课、晚饭、晚自习			
办公楼（包括科研实训部分）	办公行政楼	比较平和	●	●	●
	科研楼冷负荷	上课时			
	科研楼热负荷	比较平和			

注：●为综合体组成部分；○为综合体不参与部分。

　　因此，具体综合体建筑的组合方案设置如下：方案 A（整体型模式）、方案 B（局部型模式）、方案 C（局部型模式）三种尝试性的校园综合体功能组合方案，具体准确的低能耗建筑混合比，下一节在负荷优化下进行组合设计，如表 5-9、图 5-12 所示。

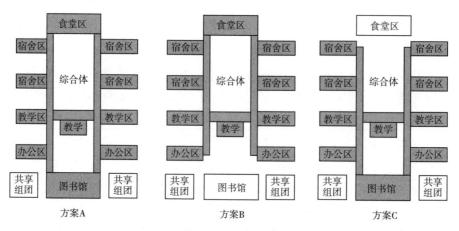

图 5-12　整体型和局部型方案布置示意

5.3　与低能耗设计耦合的建筑表皮空间整合

综合体建筑表皮的低能耗设计分为两部分：节能设计、产能设计。除自身节能以外，结合新能源利用来降低建筑能耗，是寒冷地区校园建筑综合体走向低能耗化的设计方法之一。建筑自身空间形态与新能源利用一体化设计，是建筑单体由单纯的耗能源端走向兼顾产能节点的建筑综合体过程。

按照校园建筑与新能源一体化的可操作性、转化率、经济性等原则，传统的新能源利用技术有风力发电、太阳能收集、建筑地热利用等。结合第 2 章传统校园建筑的能源利用调研结果，发现太阳能、地热能等利用技术属于比较稳定、成熟的能源收集技术，在寒冷地区校园较为常用。

建筑外表皮与能源收集空间有一定的耦合关系，可以通过供需关系叠加和置换，相互进行信息修正。建筑设计空间的能源负荷与建筑表皮（太阳能利用）组合，可以实现建筑自身空间向能源收集空间的转化，同时结合收集的新能源总量反馈给建筑本身，可以结合相关环境参数，修正综合体建筑的形态设计，使建筑在用能与产能的问题上进行权衡优化，实现校园综合体建筑的最佳产能和低能耗设计，具体设计路线如图 5-13 所示。

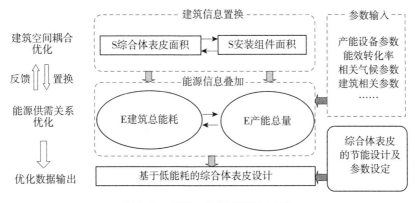

图 5-13　基于低能耗的建筑表皮设计

5.3.1　建筑外表皮的节能设计

建筑综合体是校园群体规划的组成单元之一，也是降低建筑总能耗的基本模块。综合体与建筑室外接触的围护结构，如屋顶、外墙、门窗、楼板、地面等组成构件，都是建筑自身的能耗源，是建筑节能的重要组成部分。通过各种设计措施减少建筑与室外接触部分的热损失（优化建筑体型设计、加强围护结构的保温性能、设计遮阳系统、促进自然通风等），改善建筑物围护结构的热工性能，是解决节能的第一步。

（1）墙体节能技术

墙体节能主要是提高墙体保温、隔热性能，降低墙体传热系数。墙体节能技术分为单一墙体节能技术与复合墙体节能技术。

单一材料墙体，常用有加气混凝土、孔洞率高的多孔砖或空心砌块。随着对外墙保温性能要求的提高，单一材料很难达到保温要求，需要附加导热系数小的绝热材料（如聚苯板、岩棉板、矿棉板等），即在墙体结构基础上复合 n 层绝热保温材料来改善建筑墙体的相关热工性能，实现建筑节能设计。

（2）屋面节能技术

屋面保温、隔热，是为了减少室内外的能量交换，降低建筑顶层房屋的空调能耗（或供暖耗热量），改善房屋热环境质量的一项设计措施。目前，屋面常用的保温、隔热方式主要有：倒置式、通风、种植及蓄水等屋面节能设计形式。

（3）地面节能技术

楼地面对人的热舒适影响最大。尤其与室外接触的地板、楼板（如底层架空、骑楼、过街楼）应采取保温措施。在建筑中，楼地面可在楼板上表面（正置法）或楼板底面（反置法）设置保温层。此外，还要充分考虑楼地面的蓄热作用，用以稳定室内温度的变化。

（4）门窗节能技术

门窗是建筑围护结构中影响建筑节能的关键因素。根据当地的建筑气候条件、功能要求，以及其他围护部件的情况等因素，来适当控制建筑自身的窗墙面积比；选择最佳的玻璃材料，如中空玻璃、真空玻璃、吸热玻璃及热反射玻璃等；采用导热系数小的窗框材料，如 PVC 塑钢窗、木窗及断热铝合金窗框等。

双层皮玻璃幕墙也称为"可呼吸的现代玻璃幕墙"。主要采用双层玻璃体系作窗户部分的围护结构，利用夹层腔体通风的方式来解决玻璃幕墙的缺点，达到改善空间舒适度、降低能耗的设计作用，具有很好的保温隔热性能及通风性能。

（5）建筑外遮阳技术

建筑遮阳节能效果明显。合理地设置外遮阳，夏季能够有效阻隔太阳光辐射，降低制冷负荷，除有明显节能效果外，还能改善室内光线柔和度，有保护私密和安全作用。

按照以上设计策略，地方政府也制定了严格的节能政策。以河北省为例，校园宿舍、公寓等居住建筑（自 2017 年起）要求按照 75% 四步节能执行，教学楼、办公楼、图书馆等公共建筑（自 2017 年起）要求按照 65% 三步节能执行。同时，大于 2 万 m² 的公共建筑，要求必须按照绿色建筑的设计二星评价标准执行。

5.3.2　建筑的太阳能收集空间优化设计

太阳能是大自然赋予人类的最大资源，若与建筑形态进行一体化设计，则取之不尽，用之不竭。太阳能收集对于太阳日照的辐射强度和辐射时间、接受角度以及温度、湿度等均有一定的要求，需要校园规划的建筑单体与能源收集设备相互权衡协调，争取建筑空间的舒适程度，以及尽量合理的能源设备收集角度和转化率。

新校园规划多以多层建筑为主，有利于太阳能设备安装和收集，置换和弥补室内能源的不足。建筑综合体融合了很多的建筑单体和功能，其建筑层数低，前后高低错落有致，建筑形态变化丰富。大体量的校园建筑具有很大面积的南向或东南向、西南向的建筑表皮与室外阳光接触，可有很大空间用来收集太阳能光热能源。可见，在新建校园建设中，新能源利用有很大的开发潜力。

对于综合体来说，建筑作为一个大体量的有形载体，可以在不影响建筑规划和舒适度的情况下，优化单体建设和室外阳光接触面，在屋顶、外墙、窗台等诸多建筑节点，结合太阳能收集设备，实现能源利用的建筑一体化设计。

对于建筑表皮上太阳能光伏电池来说，可以适度优化设备设计，也可以用反馈信息来修正建筑总体的形态设计。下面以汉能光伏集团的薄膜光伏电池产品为例：

（1）与建筑阳光直射的接触面选择。日照量是影响太阳能设备效率的重要因素，在理论上设备应向着日照量充分的方向安装，不同朝向对于太阳能设备效率影响很大。例如薄膜光伏（假定最佳安装角度效率为 100%），不同方位

不同方位薄膜光伏的组件安装效率示意　　　　　　　表 5-10

安装位置	安装方位	替换面积	安装方式
建筑屋顶	屋顶平铺	97.1%	支架平铺
	屋顶南侧最佳倾角	100%	倾角 38°
	屋顶东、西侧最佳倾角	93.9%	倾角 38°
	屋顶西南、东南最佳倾角	98.2%	倾角 38°
建筑墙面	墙面南侧	59.0%	平行于墙面
	墙面东、西侧	59.0%	平行于墙面
	墙面西南、东南最佳墙角	54.8%	平行于墙面

薄膜光伏的组件安装效率（不同纬度和海拔下，组件朝向和倾角对发电效果的影响也会有明显差异）如表 5-10 所示。

（2）不同纬度的太阳能设备安装角度选择。根据所在地区的纬度、最佳辐照量以及建筑体块的设计角度，在太阳能最佳安装倾角的基础上（表 5-11），在不同寒冷地区校园建筑的屋顶、棚架、外墙、窗台或阳台栏板等部位，安装太阳能光伏组件或相关集热设备，实现被动式太阳能的最大化收集与利用。

全国主要城市太阳能组件最佳安装倾角　　　　　　　表 5-11

城市	纬度 ϕ	最佳倾角	城市	纬度 ϕ	最佳倾角
杭州	30.23	$\phi-5$	哈尔滨	45.68	$\phi+1$
南昌	28.67	$\phi-9$	长春	43.90	$\phi+1$
福州	26.08	$\phi-7$	沈阳	41.77	$\phi+1$
济南	36.68	$\phi-2$	北京	39.80	$\phi+1$
郑州	34.72	$\phi-3$	天津	39.10	$\phi+1$
武汉	30.63	$\phi-6$	呼和浩特	40.78	$\phi+1$
长沙	28.20	$\phi-8$	太原	37.78	$\phi+2$
广州	23.13	$\phi-4$	乌鲁木齐	43.78	$\phi+1$
海口	20.03	$\phi-5$	西宁	36.75	$\phi+4$
南宁	22.82	$\phi-6$	兰州	36.05	$\phi+2$
成都	30.67	$\phi-9$	银川	38.48	$\phi+1$
贵阳	26.58	$\phi-10$	西安	34.30	$\phi-2$

（3）建筑周围环境对太阳能设备产能的影响。建筑应尽量提供开阔的设计场地，为太阳能设备提供充足的日照辐射和日照时间，以及良好的采光通风、除尘、除湿条件，形成洁净降温的产能环境。从这一点来说，新校园低密度集约化的规划模式，为太阳能设备提供了良好的环境。这样的安装环境，光伏设备可以接受的太阳辐照度越高，太阳能电池板组件输出功率越大；太阳辐照度低一些时，太阳能电池板输出电流会下降，电压变化很小；太阳辐照度低到一定程度时，太阳能电池板输出电压也会下降，同时输出电流很小，如图 5-14 所示。

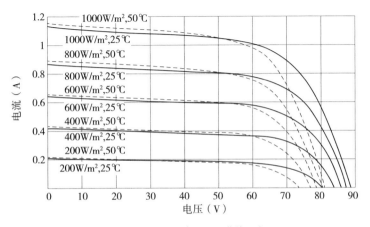

图 5-14　不同辐照度下 I-V 曲线示意图

5.3.3　建筑空间与收集空间耦合的供需预测与置换

校园场地规划和建筑综合体设计一旦完成，建筑形态的建筑面积、建筑朝向就会基本固定下来，而朝向好、集热效率高的建筑表面面积也就不再变化。这样一来就形成了一个建筑空间的能耗需求和外表产能的面积供应之间的一个对应关系，只要预测出产能总量，就可找到一个太阳能与建筑低能耗的置换关系，如图 5-15 所示。以 CIGS- SL2 为例进行分析研究。

（1）CIGS- SL2 特点及参数设定

CIGS 即太阳能薄膜电池 CuInxGa（1-x）Se2，由 Cu、In、Ga、Se 等元素构成，具有光吸收能力强（比同级的晶硅电池每天可多产 10%~20% 电量）、发电稳定性好（可避免热斑现象，维护费用较低）、转化效率高（可达18.72%，根据 National Renewable Energy Labs 公布的数据，实验室 CIGS 转换

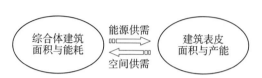

图 5-15   建筑空间耦合与能源供需示意图

效率为 21.7%）、发电时间长、生产成本低等优点。以汉能 Solibro 公司的 SL2 系列玻璃基 CIGS 组件为例。

该光伏薄膜电池的规格：长宽为 1190mm×789.5mm，重量 16.5kg，前板为 4mm 浮法玻璃，背板为 3mm 浮法玻璃，无边框。其他的电气特征参数、不同温度和照射强度的特征值以及低辐射下的性能参数如表 5-12 和图 5-16 所示。

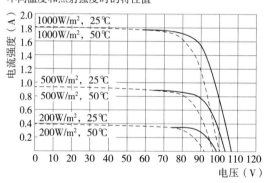

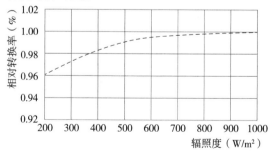

200W/m²与1000W/m²辐照度的额定功率相比，组件转换率的典型相对变化率为-4%（在25℃AM，1.5G光谱条件下测量得出）

图 5-16   CIGS- SL2 不同温度、照射强度及低辐射下的性能参数

CIGS- SL2 电气特征参数　　　　　表 5-12

STC 测试条件（1000W/m², 25℃, AM1.5G 光谱）

功率（+5/-0W）		[W]	125	130	135	140
最低功率	P_{MPP}	[W]	125.0	130.0	135.0	140.0
短路电流	I_{SC}	[A]	1.73	1.75	1.77	1.79
开路电压	V_{OC}	[V]	103.4	104.5	105.6	106.7
P_{MPP} 时的电流	I_{MPP}	[A]	1.50	1.54	1.58	1.62
P_{MPP} 时的电压	V_{MPP}	[V]	83.4	84.5	85.5	86.5
额定转换效率		[%]	≥ 13.3	≥ 13.8	≥ 14.4	≥ 14.9

组件额定工作温度下的额定值（800W/m², NMOT, AM1.5G 光谱）

功率（+5/-0W）		[W]	125	130	135	140
最低功率	P_{MPP}	[W]	94.2	97.9	101.6	105.4
短路电流	I_{SC}	[A]	1.39	1.40	1.42	1.44
开路电压	V_{OC}	[V]	97.8	98.9	100.1	101.2
P_{MPP} 时的电流	I_{MPP}	[A]	1.20	1.23	1.26	1.29
P_{MPP} 时的电压	V_{MPP}	[V]	78.5	79.6	80.6	81.7

（2）CIGS-SL2 系统测算

初步测算最佳安装角度。根据《光伏发电站设计规范》GB 50797—2012 进行本地的太阳能资源分析，利用 PVSYST 光伏模拟软件和 NASA 气象数据库，在石家庄经度 114°、纬度 37° 的基础上初步测算石家庄某大学新校区的收集设备最佳倾角为 38°，方位角为 0°，该安装角度辐照损失为 0，如图 5-17 所示。

CIGS-SL2 的屋顶安装量。以正常安装方式计算，宽度为 6.5m，长度为 16m 的屋顶空间（约 100m²），按照前后 2 排，2×4 块一组，总共可安装 SL2-140 组件

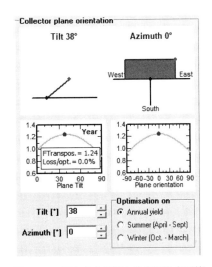

图 5-17　石家庄市光伏电池安装角度测算

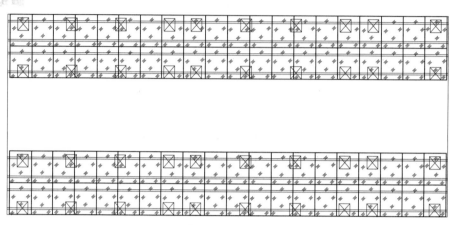

图 5-18　100m² 屋顶 SL2-140 组件的排列形式

80 块，安装功率为 11200W。具体支撑构件和安装形式如图 5-18 所示。

　　同理，分别统计所有不同朝向的建筑外墙、屋顶建筑面积，结合相应方位 CIGS-SL2 组件的效率折算系数，换算出最佳倾角（辐照损失为 0）安装当量下的建筑综合体 CIGS-SL2 总面积（依据图 5-15），计算公式如下：

$$S_{总}=\kappa_1 S_1+\kappa_2 S_2+\cdots+\kappa_n S_n \qquad (5-1)$$

式中：$S_{总}$——最佳倾角当量的 CIGS-SL2 总面积（m²）；

　　　　S_n——某一朝向的墙面（或屋顶）面积（m²）；

　　　　κ_n——S_n 方位的薄膜光伏组件效率折算系数。

（3）发电量计算

　　根据石家庄经度 114°、纬度 37° 所处位置，依据国际通用的 NASA 气象数据库和 PVSYST 光伏模拟软件，计算得出石家庄地区平面日照发电时数为 4.3kWh/（m²·d）；38° 倾角日照发电时数为 5.3kWh/（m²·d），如图 5-19 所示。

　　根据《光伏发电站设计规范》GB 50797—2012 第 6.6 条，光伏发电的上网电量可按照以下公式计算：

$$E_p=H_A \times \frac{P_{AZ}}{E_s} \times K \qquad (5-2)$$

式中：H_A——水平面太阳能总辐照量（kWh/m²，峰值小时数）；

　　　　E_p——上网发电量（kWh）；

　　　　E_s——标准条件下的辐照度（常数 =1kWh/m²）；

　　　　P_{AZ}——组件安装容量（kWp）；

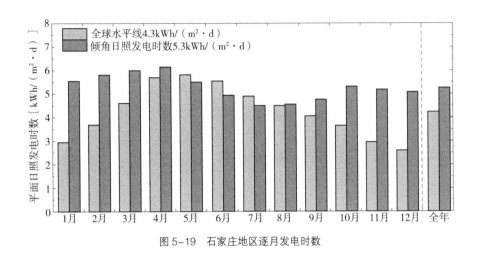

图 5-19　石家庄地区逐月发电时数

　　K——综合效率系数。综合效率系数 *K* 包括：光伏组件类型修正系数、
　　　　光伏方阵的倾角、方位角修正系数、光伏发电系统可用率、光
　　　　照利用率、逆变器效率、集电线路损耗、升压变压器损耗、光
　　　　伏组件表面污染修正系数、光伏组件转换效率修正系数。

　　综合效率系数 *K* 是考虑了众多因素影响后的修正系数，其中包括：

　　1）光伏组件类型修正系数：SL2-140 为单面双玻发电组件，系数取 1.0。

　　2）光伏方阵的倾角、方位角修正系数：倾角系数 5.3/4.3=1.2326；方位角
角度为 0，则修正系数为 1.0。

　　3）光伏发电系统可用率：可用率取 0.98（通常系统的工作故障率在 1%-
3%）。

　　4）光照利用率：最佳角度利用率取 1.0。

　　5）逆变器效率：取 0.98（通常取 0.95~0.98）。

　　6）集电线路、升压变压器损耗：采用不升压并网，集电线路损耗系数
取 0.97。

　　7）光伏组件表面污染修正系数：按照清洗频率较高取 0.95（通常取
0.9~0.95）。

　　8）光伏组件转换效率修正系数：CIGS 组件受光照强度影响较小，系数取
0.90。

　　经过以上系数修正，综合效率系数 *K*=1 × 1.2326 × 1 × 0.98 × 1 × 0.98 ×
0.97 × 0.95 × 0.90=0.9818；

则根据上网发电量计算公式，则 $E_{\mathrm{p}}=4.3 \times \dfrac{11.2}{1} \times 0.9818=47.28\mathrm{kWh}$；

即 $100\mathrm{m}^2$ 的屋顶单元，最优情况下的全年发电总量 $E=47.28 \times 365=17258\mathrm{kWh}$。

综上所述，根据不同方位的折减系数和发电量之间的换算，新校区建筑综合体的总建筑面积及总能耗、建筑表面总面积及最大发电量之间存在一种供需关系，即在能源利用与生产的基础上建立了一种空间耦合的置换关系，为低能耗建筑的设计提供了相应的设计依据。

5.4　能源供需下综合体配套环境空间预测

综合体配套环境的低能耗设计主要是结合体育设施或其他开阔场地设置地热采集设备，反馈于建筑所需的能源，实现低能耗的建筑设计。具体设计路线如图 5-20 所示。

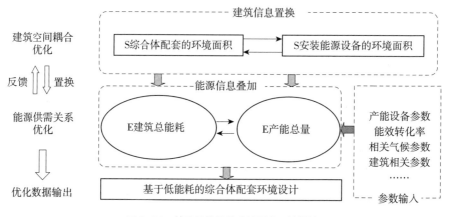

图 5-20　基于低能耗的建筑配套环境设计

5.4.1　建筑周边环境的地热空间组织与优化

校园建筑新能源利用中，地热能源属于经济性、稳定性良好的新能源。地热利用一般分为浅层地热和深层地热，多数地区采用浅层地热技术。地热资源以稳定的能源输出，已经成为当下高校能源的良好补充。在现代高校规划设计中被广泛采用。本节基于建筑配套空间与能源收集空间的耦合关系，利用美国 NASA 气象数据库和 HOBO FlexSmart Logger（HOBOware Pro version2.3.1）收集实验数据，进行能源与配套环境之间的分析研究。

（1）大面积的配套场地环境，是校园建筑功能的必须设置

大型校园建设的出现和城镇资源的紧张，致使校园规划走向"大规模的生态景观"结合"组团建筑群或综合体"的设计模式，形成建筑与环境相互穿插的"低密度、集约化"校园规划；另外，现代校园特有的生态景观、校门广场、大型操场、篮球场、景观大道等大学的功能需求，使得大体量的建筑综合体周边出现了大面积的景观或体育活动配套场地。

（2）地热资源收集利用，需要与建筑相邻的大面积场地

除了满足地下土壤热特性测试，地热资源收集利用还需要大面积的室外地面（用于地埋管安装）。新建校园不同于城市其他建筑群规划设计，具有校园规划占地大、建筑层数低、楼间距大以及室外场地开阔等规划特征。按照《建筑设计及资料集（第三版）第 4 分册：教科·文化·宗教·博览·观演》教科部分，一般高校校园的建设用地容积率（综合、理工、医药等）为 0.5（京津冀地区居住区规划，在考虑日照间距的情况下，6 层建筑的容积率一般为 1.0~1.2）。可见，建筑室外配套环境有很大的空间，可为地源热泵技术提供有效的地埋管设计场地。

（3）浅层地源热泵利用的优化选择

按照建筑组团、地源热泵系统、相应室外场地（体量、能耗、经济等因素），即"建筑 – 热泵机组 – 场地"需求关系的组织形式，以浅层地源热泵为例，校园建筑地热利用可以分为：集中地埋管分户地源热泵（方案一）、分户地埋管分户地源热泵（方案二）和集中地源热泵（方案三）三种模式，具体系统布置如图 5-21 所示。

方案一：集中场地集热，稳定性高，但单栋供应，系统复杂、运行费用高，对于校园来说，不宜采用该系统。

方案二：属于一对一的系统，性价比不高，系统不稳定，适合小型的单栋建筑，不适合校园建筑供应模式。

方案三：该系统综合性比较好，集中供应，集中收集，系统稳定，适合大体量的综合体或建筑群的能源供应，校园满足集中的地热埋管场地需求，但是场地面积需要经过精确地预测（表 5-13、表 5-14）。

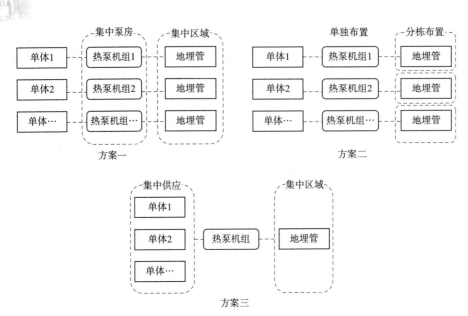

图 5-21 三种"建筑 – 热泵机组 – 场地"布置关系示意

三种方案的技术性能比较　　　　　　　　　　　表 5-13

技术性能	方案一	方案二	方案三
系统形式	分户地源热泵 1（集中地埋管）	分户地源热泵 2（分户地埋管）	集中地源热泵
日常维护	工作量较高	工作量无	工作量高
系统形式复杂程度	复杂	简单	简单
系统可靠性	高	低	高
热水供应	分户热泵机组热回收供应热水	分户热泵机组热回收供应热水	集中热泵机房设置独立热泵机组供应热水
热水稳定性	较好	较好	好
地埋孔数	中	高	低
集中泵房 / 机房	需要集中泵房	不需要	需要集中机房
地源水系统形式及地埋孔数量	地埋管好处理，管群集中至水泵房。由于可以同时使用及互为备用，孔数需求较少	部分宿舍面积小，地埋管需求量不均匀，与建筑的交叉处理比较分散。建筑单体地埋孔数供求唯一，孔数需求大	地埋管好处理，管群集中至热泵机房。由于可以同时兼用以及互为备用，孔数需求少

三种方案的经济性能比较　　　　　　　　　　表 5-14

经济性能	方案一	方案二	方案三
投资	中	高	低
综合效率	低	中	高
运行费用	高	中	低
物业维护费用	较高	无	高
收费方法	按建筑面积或热计量	按建筑面积或用水时间	按建筑面积或热计量
电源要求	分户 380V	分户 380V	分户 220V，集中热泵机房 380V
热堆积	好处理	有一定风险	好处理

5.4.2　环境空间与能源空间耦合的供需预测与置换

"高容、低密、低能耗"模式，是大型校园空间环境的发展趋势。"大规模的生态景观"结合"校园建筑组团或综合体"，以及大型操场、篮球场、景观大道的室外场地，均属于校园规划的功能需求，但对于低能耗建筑的地热能源供应的地埋管室外场地，很少有设计师在规划时考虑这个问题，即建筑空间与室外空间环境的耦合问题，在景观、体育功能之外，还有一个能源供应问题。

对于校园的地源热泵利用，一般采取集中式的地源热泵技术（方案三），在建筑的能耗需求与配套空间能源产出之间建立一个能源耦合关系，形成建筑空间形态与建筑配套环境场地之间的空间置换。以新校区的地源热泵设计为例进行分析研究。

（1）地源热泵热交换器系统及参数设定

土壤型（地源）热泵系统的设计，主要是土壤型热交换器的设计，即在地源热泵现场进行试验井单孔土壤热特性测试，确定地层流体与岩土层的换热近似达到平衡时的平均导热系数。根据经验，换热孔孔径取 180~220mm（根据具体地质结构和埋管深度决定），试验井取双 U 形式，管径 DN32，深度均为 110m。土壤导热能力数据采集采用美国 HOBOware Pro version2.3.1 系统（图 5-22）。

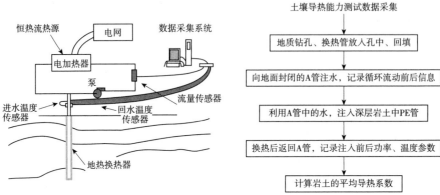

图 5-22　试验井单孔土壤热特性测试方法

土壤原始温度：地下土壤的原始温度测试以后，开启水泵循环直到进出水温度趋于恒定，测试地下 110m 的土壤温度稳定温度。

$$\Delta T_{(r_b,t)}= \frac{q}{4\pi\lambda H} \int_{p}^{\infty} \frac{e^{-\beta^2}}{\beta}\, d\beta \tag{5-3}$$

式中：ΔT——温差；

　　　r_b——钻孔半径；

　　　t——试验开始时间；

　　　q——热量；

　　　λ——导热系数；

　　　H——管子长度；

　　　β——积分常量。

$$p= \frac{r}{2\sqrt{\alpha t}} \tag{5-4}$$

式中：r——钻孔半径；

　　　α——导温系数；

　　　t——试验开始时间。

竖直地埋管换热器的热阻计算及 U 形管的管壁热阻可按以下公式计算：

$$R_{pe}= \frac{1}{2\pi\lambda_p} \ln\left(\frac{d_e}{d_e-(d_0-d_i)} \right) \tag{5-5}$$

式中：R_{pe}——地埋管的管壁热阻；

　　　λ_p——地埋管导热系数；

　　　d_0——地埋管的外径；

　　　d_e——地埋管的当量直径；

　　　d_i——地埋管的内径（m）。

土壤 / 场地热阻：根据 IGSHPA 推荐的公式及数据，计算得出土壤 / 场地热阻结果。

$$R_s = \frac{1}{2\pi\lambda_s} I\left(\frac{r_b}{2\sqrt{\alpha I}}\right) \tag{5-6}$$

$$I(u) = \frac{1}{2}\int_u^\infty \frac{e^{-s}}{s} d_s \tag{5-7}$$

式中：R_s——地层热阻（m·K/M）；

　　　I——指数积分公式，可按公式（5-7）计算；

　　　λ_s——岩土体的平均导热系数 [W/（m·K）]；

　　　α——岩土体的热扩散率（m²/s）；

　　　r_b——钻孔的半径（m）。

（2）新校区的地源热泵系统测算

具体新校区地源热泵系统测试如下：根据反复水温测试进行地埋管土壤导热计算，利用 HOBO FlexSmart Logger（HOBOware Pro version2.3.1）软件分析如图 5-23 所示。

在地下土壤的原始温度测试以后，开启水泵循环直到进出水温度趋于恒定，获得地下 110m 稳定的土壤温度在 20.9℃左右。

同时，根据工程资料以及已知参数，在软件模拟分析的测试过程中，依据国际通用的 NASA 气象数据库和新校区的土壤测试输入相关计算参数，通过计算、分析结果如下：

设计热泵进水温度：制冷模式 30℃、制热模式 10℃；

平均导热系数：1.67；

土壤平均热阻 R_s：0.51K/W。

对于夏季工况，竖直地埋管换热器钻孔长度计算负荷公式如下：

$$L_c = \frac{Q_{冷}\dfrac{EER+1}{EER}(R_{pe}+R_s\times F_C)}{T_{max}-T_H} \tag{5-8}$$

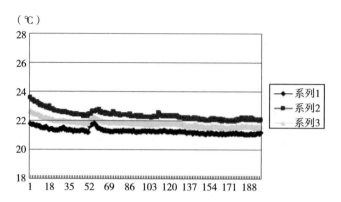

（℃）

图 5-23　井区测试温度曲线

（系列 1——进地埋管温度，℃；系列 2——出地埋管温度，℃；系列 3——竖直地埋管内平均温度，℃）

式中：$Q_冷$——夏季工况冷负荷；

　　　EER——水源热泵机组的制冷性能系数；

　　　R_{pe}——U 形管的管壁热阻；

　　　R_s——土壤 / 场地热阻；

　　　F_C——制冷运行比例；

　　　T_{max}——设计最高进水温度；

　　　T_H——全年土壤最高温度。

　　对于 PE 管连接，按平均每米井深换热量计算单孔换热量 Q_C，由 K_c 推导得出。

　　对于冬季工况，竖直地埋管换热器钻孔长度计算负荷公式如下：

$$L_h = \frac{Q_热 \dfrac{COP-1}{COP}(R_{pe}+R_s \times F_h)}{T_L-T_{min}} \qquad (5-9)$$

式中：$Q_热$——冬季工况热负荷；

　　　COP——水源热泵机组的供热性能系数；

　　　R_{pe}——U 形管的管壁热阻；

　　　R_s——土壤 / 场地热阻；

　　　F_h——制热运行比例；

　　　T_{min}——设计最低进水温度；

　　　T_L——全年土壤最低温度。

对于竖直地埋管地源热泵换热系统,依据《全国民用建筑工程设计技术措施（暖通空调·动力）》（2009 版）及"华东建筑设计研究院绿色建筑研究所"数据显示：为满足换热要求，竖直埋管换热器埋管深度 80~120m（双 U 埋管深度多在 100~120m，单 U 埋管深度多在 60~110m），单 U 埋管钻孔孔径大于 130mm（单 U 型埋管钻孔多为 130~140mm），钻孔间距 4m（其中双 U 型间距 5~5.5m，单 U 埋管 4~4.5m）。

这样一来，在相邻的建筑综合体规划设计时，规划设计师就可以提出生态环境需求、体育活动需求、能源供应需求等多重目标的基本设施配套要求，以实现低能耗的综合体建筑模块化设计。

以石家庄某大学新校区的实验现场采集的数据，具体设计方案（图 5-24）、产能数据（表 5-15、表 5-16）如下：

综合分析、测试参数汇总如表 5-15 所示。

标准田径场的地热测试参数　　　　　　表 5-15

埋管深度（m）	土壤原始平均温度（℃）	单孔流量（m³/h）	土壤导热系数（W/（m·℃））	地埋管的管壁热阻（K/W）	土壤平均热阻（K/W）
110	20.9	0.750	1.63	0.028	0.51

由测试参数得到室外设计数据如表 5-16 所示。

标准田径场的室外设计数据　　　　　　表 5-16

模式	埋管深度	换热指标	夏季单孔换热量	1200 眼孔换热量
制冷模式	110（m）	夏季 53.9（W/m 井深）	散热 5930（W）	产能 7116（kW）
制热模式	110（m）	冬季 39.3（W/m 井深）	取热 4320（W）	产能 5184（kW）

综上所述，若按照《国际田联田径设施手册》规定的标准田径场（400m，8 跑道），占地约 1.9 万 m²，按照间距 4m 钻孔，约可以埋管 1200 眼。根据竖直地埋管换热器的单位井深换热量 K_c，结合不同的气候工况，可以计算出石家庄某大学新校区相当于一个标准田径场的地热资源当量（制冷模式 7116kW、制热模式 5148kW），对附近校园建筑群或综合体进行能源供需置换，实现校园建筑的低能耗设计目的。

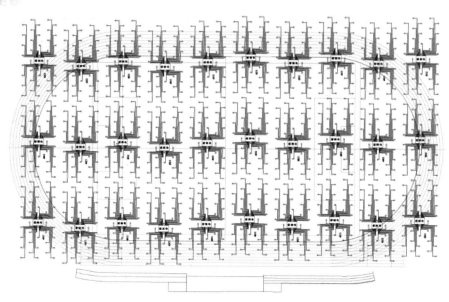

图 5-24　标准田径场的地埋管布置方案

5.5　大型校园案例解读：天津大学津南校区规划设计

　　天津大学津南校区规划与学校的办学理念、发展目标、历史文化风格及特色相适应，体现"一个中心、三个融合"的理念，即以学生成长为中心，形成学科的集聚与融合、教学和科研的融合、学生和教师的融合。

　　采取"一轴两翼"的正向布局：以东西向的中心线为基轴、向南北两翼展开的正向布局方案。以中心线为基轴、基本对称布局的矩阵网格道路体系，将校区分隔成若干区块，在各地块内布局各功能组团，形成疏密有度、均匀错落的功能建筑群。主大门设置在纬二路上，由此沿中轴线前行，经明德大道、集贤广场后进入求实大道，经校园标志性建筑——图书馆到达校园中最大的水面——青年湖畔；紧邻青年湖畔的是大学生活动中心和北洋音乐厅。中轴线的南北两翼布置着六大类功能建筑构成的若干组团。各组团建筑基本采取南北正向布置。护校河及卫津河环绕校区四周。

　　校园中心轴区布局：将图书馆、综合教学实验楼组团、主楼综合体、公共教室、学生活动中心等基础性、共享性的建筑布局在中心轴区，使之成为公共活动的核心空间，使师生能够最便捷地享用这些公共资源。

学生生活区布局：将学生生活区镶嵌于各学院组团之间，极大地缩短了学生必要的活动半径，减少学生的出行时间，提高时间利用率。在学生公寓周边布局有较完善的生活服务配套设施（图 5-25）。

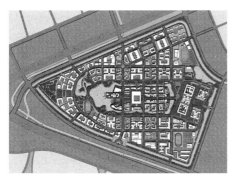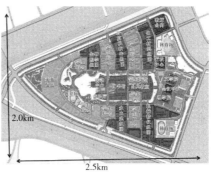

图 5-25　天津大学津南校区规划示意

第6章

基于校园综合体内部负荷的
低能耗模块化设计

校园综合体负荷模块解构及设计目标
校园建筑负荷模拟及预测
基于负荷平准化的综合体建筑群优化设计

第 5 章以综合体外在形态的低能耗设计，揭示了建筑综合体与建筑表皮、建筑配套环境之间的能源耦合关系，为校园综合体提供了一种能源收集与建筑能耗空间的置换关系。但是校园综合体作为多栋不同功能建筑组合的建筑混合体，每一种建筑功能都有固定的人流和使用时间，具有不同的用能特征，很难准确地确定低能耗最佳混合配比关系。

在这种情况下，结合第 4 章建筑综合体参数数据库及模块化的解构方法，用区域建筑能源的规划方法来倒推建筑混合的最佳比例。将综合体视作数种不同功能的建筑单体（办公楼、教学楼、图书馆、食堂、宿舍楼等），借助 DeST 软件在不同情景模式下对各单体参数进行负荷模拟预测和运算，再将建筑群的逐时负荷模拟样本输入到矩阵中，进行负荷平准化及 Matlab 优化算法，获得建筑混合的最佳比例。Matlab 作为一款科研人员经常采用的科学计算软件，利用其强大的运算和数据分析能力，可解决很多复杂数据的优化问题。在校园规划设计前期阶段，利用能耗优化的混合比，结合第 5 章外在形态，形成建筑外在、内部两方面多因素约束的建筑低能耗设计方法。

第 5 章、第 6 章形成的研究结论，可作为第 4 章模块化设计方法的实施路径，也是第 7 章校园规划模块化设计的约束性条件，为校园规划决策者和设计师在规划前期阶段，提供了快捷有效的校园综合体低能耗设计思路。

6.1   校园综合体负荷模块解构及设计目标

6.1.1   模块化解构

寒冷地区建筑规划中，校园综合体作为不同建筑功能的组合体，是一个特殊的区域用能主体。其内部建筑功能种类繁多，且各不同类型建筑的用能特征具有很强的规律性，因此，对于校园综合体内部负荷的优化设计有三方面的内容：第一方面，根据校园建筑的用能特征进行类型划分，得到模块分解后的典型建筑负荷变化规律、负荷预测模型，此为设计前的能耗模型构建。第二方面，在规划阶段考虑能源利用状态，对已构建的各种典型建筑负荷模型，按照不同建筑（三种组合方案）进行封装，利用得到建筑群能源需求的逐时负荷模拟平稳程度配比关系（最佳负荷平准化），为校园建筑规划应用提供依据。第三方面，依据综合体建筑群确定的总负荷，利用全年逐时负荷频率统计分析，对不同情境下整体能源系统进行不满足率对比，并给出应对不确定性的解决方案，为最优化负荷提供可行性验证。第一方面内容是第二方面的设计前提和保障，第二方面内容是校园规划中的低能耗约束条件和设计依据，第三方面内容是后续校园建筑能源系统的设计基础和验证，本章技术路线如图 6-1 所示。

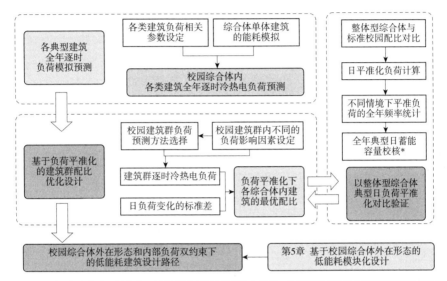

注：＊空调采暖期蓄能容量校核的目的是保证在设计的蓄能容量下，校园能源系统的全年负荷不满足率达到《民用建筑供暖通风与空气调节设计规范》GB 50736—2012 的设计要求。

图 6-1　校园综合体内部负荷约束下的研究技术路线

6.1.2　设计目标

从第 5 章 "校园综合体典型建筑组成" 部分的内容可知，利用模块化设计方法，可以将复杂的校园建筑综合体，解构为办公（科研）楼、教学楼、图书馆、食堂、宿舍楼五类不同功能的典型建筑，以建筑单体的形式进行负荷优化设计研究。

结合第 4 章的参数数据库，对不同功能的校园典型建筑进行 DeST-c 负荷模拟和研究，得到校园典型建筑的冷（热）负荷；通过不同类型校园建筑组合（整体型和局部型方案）的负荷平准化优化运算，得到不同情景下校园建筑群的最优模块（即建筑最佳配比）；最后对整体型综合体方案和国家要求校舍标准（国家标准）配比进行再次配比封装，进行逐日负荷优化，获得综合体建筑的全年不满足率设计要求的检验和校核。为第 7 章的校园规划实际应用提供合适的低能耗建筑设计配比。

6.2 校园建筑负荷模拟及预测

6.2.1 模拟计算方法选择

目前，单位面积指标法、基于历史数据外推法、数值模拟预测法等负荷模拟计算方法，是校园建筑常用的设计方法。

（1）单位面积指标法

采用单位面积指标法估算各单体建筑的负荷，是常用的模拟方法。如校园建筑冷负荷按公式 6-1 进行计算。

$$Q = q \times F \qquad (6-1)$$

式中：Q——校园建筑的冷负荷（W）；

q——单位建筑面积冷负荷指标，按统计选取（W/m²）；

F——校园总建筑面积（m²）。

此方法属于静态计算方法，通常会高估负荷。在项目的前期规划、预研，甚至初步设计阶段，单位面积指标法仍然是最简便的建筑能耗估算方法。当建设初期无法预先估算空调的设计费用，可根据以往经验积累进行负荷概算指标粗略估算。

（2）基于历史数据外推法

基于历史数据外推法，主要依托以往数据平台的能耗数据为基础，利用统计分析技术，建立负荷预测模型。此类方法主要有支持向量机法、时间序列法、回归分析法、人工神经网络法、灰色理论法等。

基于历史数据外推法是一种统计模型预测方法，以正式监测数据为信息基础，利用统计学等相关方法对相关数据分析，建立负荷预测模型。该方法需要大量的建筑逐时负荷数据作为研究基础，而从某些程度上说，获得官方的逐时负荷动态数据是不容易的，调研的工作量又大，所以基于历史数据外推法使用较少。

（3）数值模拟预测法

该能耗模拟方法是以软件为平台，根据典型年及建筑设计信息参数，通过软件计算模拟的研究方法获得逐时建筑负荷，作为负荷模拟的预测参数。国内外的能耗模拟软件，包括美国的 BLAST、EnergyPlus、DOE-2，日本的 HASP/ACLD，加拿大的 HOT2XP，中国的 BECON、HKDLC 以及 DeST-c 等。这些软件是当下建筑节能设计的模拟计算基础。通过全年建筑的逐时冷、热、电负荷，获得不同运行情景模式下负荷系统数据，以此实现建筑节能，提高能源利用率，达到低能耗的设计目的。

基于校园规划设计前期，众多参数以经验值输入，无法确定真实数据，所以本章采用 DeST-c 模拟软件对校园综合体内的五种典型建筑进行逐时负荷模拟，在校园规划初期，预测建筑群负荷及建筑混合度问题。

6.2.2　相关参数设定

相关参数的设定，主要结合第 4 章的设计参数数据库，从中国气象局气象信息中心和清华大学联合编著的《中国建筑热环境分析专用气象数据集》及 NASA 气象数据中典型气象年数据进行合理选取及归纳。

6.2.2.1　校园建筑的室外参数选取

在采暖空调负荷模拟计算时，对室外气象数据，从第 4 章的数据库中选取。

石家庄，地处亚洲大陆东缘，临近渤海海域，归属季风气候，雨量集中于夏秋季节。春秋季短，夏冬季长，干湿期明显。春季长约 55 天，秋季长约 60 天，夏季长约 105 天，冬季长约 145 天。空气全年的平均湿度 65%。春季降水量少；夏季降水量占全年总降水量的 60% 以上，7~8 月期间空气非常潮湿；秋季受中国北部高压影响，凉爽少雨，气候宜人，空气湿度约 78%，深秋经常出现东北风，发生寒潮天气；冬季受俄罗斯远东地区的冷高压影响，西北风较冷，天气比较晴朗，一般有降雪现象（图 6-2）。

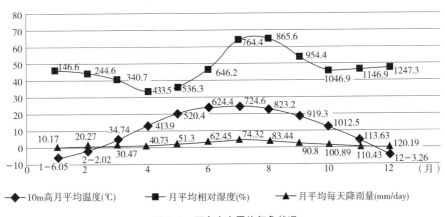

图 6-2　石家庄市平均气象状况

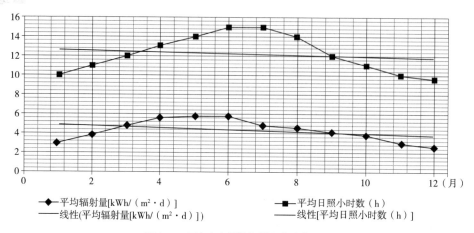

图 6-3　石家庄市平均辐射强度分布

　　石家庄地区的年总降水量为 400~750mm。其中西部太行山区一带为 600~700mm；其他地区为 400~590mm。春天降水少，总雨量为 11.0~41.0mm。夏天雨量多而集中，降雨量基本在 500mm 以上。全年总日照时数在 1916~2571 小时，其中春夏季节日照比较充足，秋冬季节日照相对偏少（图 6-3）。

6.2.2.2　建筑空调的室内设计参数设定

　　空气流速参数是建筑能耗模拟计算的主要依据之一。人体与外界的热交换形式，首先以热量的形式来进行显热交换，当气流速度大时，对流散热量增加，建筑周围的人体会有冷感，其次人体还有潜热交换。在一定的温度和空间，相对湿度越高的情景模式，人体表面蒸发量越少，因此高的空气湿度会增加人体的热感。同时，建筑群周围的空气流速也会影响人体表面的对流交换系数。空气流速除了会影响使用者与建筑环境之间的显热和潜热交换以外，还直接影响使用者的皮肤感受。虽然在高温环境下，气流速度过大并不会破坏人体的热平衡，但是流速过高的气流仍然会引起皮肤紧绷、呼吸受阻等感觉。

　　除了上述室内热湿环境会影响人体舒适性以外，室内空气品质不仅影响人体健康还会影响人的工作效率。空调新风更替和有效的气流组织是室内污染控制的重要手段之一。欧洲标准 CENCR 1752 与美国标准 ASHRAE 62 中，给出了建筑空间新风量与使用者空气品质感知间的量化关系（图 6-4），随着新风

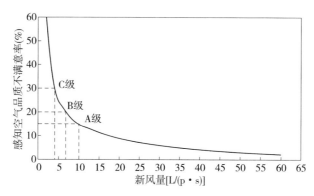

图 6-4　感知空气品质不满意率与新风量的关系

量与空气品质感知有着耦合关系，会导致空调的新风负荷增大。探索两者之间的平衡关系是建筑低能耗设计的方法之一。

空气调节室内计算参数　　　　　　　　　　　　　　表 6-1

建筑类型	房间类型	夏季			冬季			新风需求量 [L/（p·s）]
		温度（℃）	相对湿度（%）	空气平均流速（m/s）	温度（℃）	相对湿度（%）	空气平均流速（m/s）	
办公楼	一般办公室	26~28	<65	≤0.3	18~20	—	≤0.2	10
	高级办公室	24~27	60~40	≤0.3	20~22	55~40	≤0.2	10
	会议室	25~27	<65	≤0.3	16~18	—	≤0.2	10
宿舍	卧室	26~28	65~45	≤0.3	18~20	—	≤0.2	7.5
图书馆	阅读区	26~28	<65	≤0.3	18~20	—	≤0.2	10
	休息区	26~28	≤65	≤0.5	16~18	—	≤0.2	—
教学楼	教学区	26~28	<65	≤0.3	18~20	—	≤0.2	4.72
	教研或教师休息室	26~28	<65	≤0.3	18~20	—	≤0.2	10
食堂	厨房	27~30	<70	—	16~18	—	—	—
	餐厅	24~27	65~55	≤0.3	18~22	50~40	≤0.2	—

可见，建筑室内的热湿环境、空气品质都是空气调节的节能设计对象。我国有关部门制定了建筑的相关设计标准，规定了建筑的室内温度、相对湿度、换气次数等室内设计参数。并且室内设计参数会因建筑使用功能不同而存在较大的差异。本章进行模拟的五类校园建筑的室内设计参数如表 6-1 所示，建筑热工性能参数如表 6-2 所示，非假期时间的室内灯光、设备、人员的作息规律见附录 C、附录 D、附录 E（同时，设定假期的室内人员、灯光、设备的作息规律暂定为 0）。

基本建筑模型及热工性能参数　　　　　　　　表 6-2

建筑类型	图书馆	教学楼	办公 （科研）楼	食堂	宿舍
建筑面积 m²/ 层	1800	1260	1008	2700	960
长 × 宽（m）	60×30	60×21	60×16.8	60×45	60×16
体形系数	0.15	0.18	0.20	0.19	0.205
层高（m）	4.5	4.0	4.0	4.5	3.6
层数	5	5	5	2	5
朝向	南北向为主	南北向	南北向为主	南北向为主	南北向
是否遮阳	无	无	有	有	无
窗墙比	南 0.5 （上限 0.7） 北 0.5 （上限 0.7） 东、西 0.36 （上限 0.7）	南 0.5 （上限 0.7） 北 0.45 （上限 0.7） 东、西 0.075 （上限 0.7）	南 0.5 （上限 0.7） 北 0.45 （上限 0.7） 东、西 0.08 （上限 0.7）	南 0.48 （上限 0.7） 北 0.48 （上限 0.7） 东、西 0.48 （上限 0.7）	南 0.25 （上限 0.5） 北 0.25 （上限 0.3） 东、西 0.075 （上限 0.35）

6.2.2.3　单体建筑围护结构热工性能权衡判断

依据《公共建筑节能设计标准》GB 50189—2015，权衡判断就是当建筑中某一参数不在规范所给定的范围之内时，需将该设计建筑和标准参照建筑进行能耗对比。该建筑根据房间功能选择出窗墙比之后，对最不利的建筑做能耗模拟分析权衡计算（结果参照下节权衡判断结果），确定其他围护结构参数。参照建筑的朝向、形状、大小、内部空间划分和使用功能与实际建筑完全一致。在实际建筑中不满足围护结构要求的地方，参照建筑应作出调整，且调整应符合标准规定。

使用 DeST-c 软件进行负荷权衡计算，按照所设定的建筑围护结构参数建立计算模型。除上述部分围护结构参数不同之外，参照建筑与设计建筑的建筑地点（室外气象参数）、室内设计参数、室内设计内扰、空调区域、空调启停时间完全一致。其中室外气象参数如 6.2.2.1 节所述，室内设计参数如表 6-1 所示，室内设计内扰和空调启停时间见附录 D。权衡判断的最终结果如表 6-3 所示。

权衡判断结果表 表 6-3

项目统计		统计值	
		参照建筑	设计建筑
项目负荷统计	全年最大热负荷（kW）	882.72	699.39
	全年最大冷负荷（kW）	2172.66	2105.58
	全年累计热负荷（kWh）	1029672.44	736759.36
	全年累计冷负荷（kWh）	3796720.42	3729739.69
项目负荷面积指标	全年最大热负荷指标（W/m²）	40.84	32.36
	全年最大冷负荷指标（W/m²）	100.53	97.43
	全年累计热负荷指标（kWh/m²）	47.64	34.09
	全年累计冷负荷指标（kWh/m²）	175.68	172.58

比较全年累计热负荷及全年累计冷负荷，设计建筑的全年能耗小于参照建筑的全年能耗，相当于设计建筑的围护结构选取符合要求。

6.2.3　典型建筑的负荷模拟预测

6.2.3.1　典型建筑的负荷模拟模型

校园建筑群中不同类型的典型建筑，其建筑性能也是不同的。校园建筑的五类主要典型建筑，建筑用能特点、全年逐时负荷变化都不尽相同。办公楼、教学楼、宿舍和图书馆的主要负荷在建筑围护结构的得热量、新风负荷和人员、照明、设备等内部扰动；食堂的主要负荷在厨房设备的散热量、围护结构的得热量、新风负荷以及人员、照明等内部扰动。除此之外，在校园这种特殊的建筑群体内部，人员的流动往往具有特定的时间特征，如夜间人员主要集中于宿舍，白天工作时间主要集中于教学楼和办公楼，早中晚则集中于食堂，周末则集中于图书馆，寒暑假所有建筑均处于无人状态。因此从各个建筑的角度出发，在每天、每周和全年不同时段的负荷均具有明显的规律性和周期性特点，这就对典型建筑模型输入条件的确定和全年负荷的逐时模拟，提供了很多有利条件。此外，从整个校园建筑群的角度出发，校园内各个建筑流线功能之间有着很强的相关性，其负荷也会具有特定规律。因此，利用能源系统负荷平准化，对校园综合体的典型建筑进行模拟分析，建立基于能耗互补的规划设计体系具有良好的现实意义。

利用 DeST-c 建立建筑负荷的全年动态预测模型。DeST-c 是供热通风与空气调节（HVAC）系统及建筑环境模拟的软件平台，该平台以多年科研设计成果为模拟数据基础，将现代建筑的数据模拟技术运用到建筑环境和 HVAC 系统的图形模拟中，为建筑环境的模拟预测、性能评估等相关研究，提供快捷实用的软件模拟，是建筑能耗系统的模拟预测、性能优化等方面不错的软件工具。本文结合第 4 章数据库以及 6.2.2 节中的典型建筑形态参数设定，在 DeST-c 的模拟预测的基础上，建立五种校园典型建筑的设计模型，如图 6-5 所示。

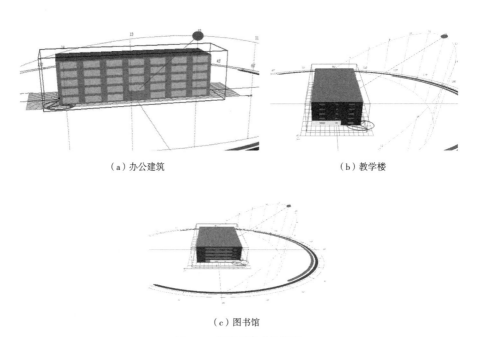

（a）办公建筑　　　　　　　　　　（b）教学楼

（c）图书馆

图 6-5　五种校园建筑模型

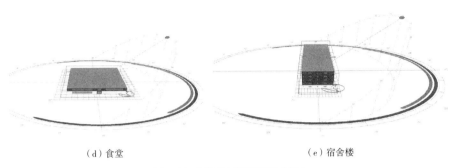

（d）食堂　　　　　　　　　　　　　　　（e）宿舍楼

图 6-5　五种校园建筑模型（续）

6.2.3.2　典型建筑的冷热电负荷模拟预测

将 6.2.2 节中确定的各类型建筑的室内设计条件、内扰分布状态、围护结构参数以及所在地区的室外状态参数，输入到建筑 DeST-c 模拟软件中，根据校园建筑各类形态，建立五种校园建筑模型，如图 6-5 所示，然后计算得到校园各建筑类型的逐时冷热电负荷，如图 6-6 所示。

通过校园综合体的典型建筑逐时负荷模拟，可以发现校园不同类型建筑的冷、热、电负荷与不同季节的室外温度和人员在校时间有很大关系。不同类型的校园建筑有以下特点：宿舍、食堂、图书馆、教学楼等建筑的平均电负荷较为平稳，其中食堂建筑因为餐饮功能单一平均电负荷总体较低，宿舍楼平均电负荷较高；6~7 月，典型建筑的平均冷负荷都较突出，尤其教学楼最为突出；

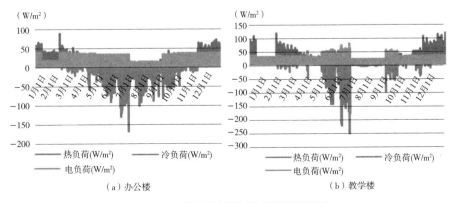

（a）办公楼　　　　　　　　　　　　　　（b）教学楼

图 6-6　五种校园建筑的逐时负荷模拟模型

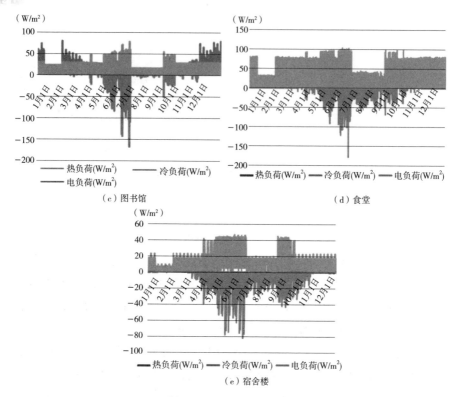

（c）图书馆　　　　　　　　　　（d）食堂

（e）宿舍楼

图6-6　五种校园建筑的逐时负荷模拟模型（续）

教学楼的冷负荷冬季比较突出；建筑热负荷，教学楼较高，图书馆、办公楼整体相当；2 月和 8 月的寒暑假期间，因为学校几乎没有人在，这期间冷、热、电负荷都很低，维持基本运行就可以。

6.3　基于负荷平准化的综合体建筑群优化设计

对校园内各典型建筑进行软件模拟后，得到相关建筑的负荷特征，本节进行校园建筑群负荷设计的主要内容是：①在软件模拟基础上，根据校园规划初期的主要影响因素展开分析，针对不同典型建筑功能混合比例对负荷平准化的影响，得到负荷最佳平准化状态下校园建筑群的配比关系；②在获得最优建筑面积配比后，进一步对校园建筑群负荷进行深入比较分析，发现其内部规律，在两种不同情景下进行校核计算。

6.3.1 综合体建筑群负荷的影响因素

校园建筑综合体是不同类型建筑有规则地聚集构成的群体，也可以视作不同类型负荷的综合体。随着气象条件等因素变化，校园建筑群负荷呈现规律性的动态特征，建筑冷、热、电负荷和燃气消耗也表现出规律性需求。由于校园建筑群建筑的空间分布，形成的建筑负荷密度、局部负荷、功能需求以及气候状况等情况也会对设计有影响。同时，校园建筑的规划布局、节点传热性能、区域气候参数、建筑运行情况等数据，都在影响单体建筑负荷，对区域建筑负荷来说，呈现出周期规律性、动态互补性特征，这些因素在本章6.2节中已经考虑。另外，在规划层面上还需考虑一些特有的影响因素，如城市街道形态和区域微气候。

城市形态是整个城市的物质基础，建筑周边环境和校园区域的建筑负荷与能耗也有很大关系。例如，各类区域的建筑规划、植被生长情况、周围遮蔽物、建筑密度等不同的环境差异，都会间接影响建筑负荷。校园微气候的特点对于建筑负荷也有影响。建筑环境的温度、湿度和风等气象会影响建筑负荷，如绿化植被可以起到调节温、湿度的作用。利用校园建筑的峡谷风对于空气流动的作用，可以影响建筑空间的自然通风。

在校园初期的规划阶段，由于具体设计还未完成，校园布局、单体形态、建筑室内热扰、建筑热工性能等相关的信息未知，校园微气候也不确定，故而使得校园建筑负荷预测具有较大的不确定性。此外，建筑节能技术、气候变化以及建筑间的人员流动也是影响校园负荷预测的重要因素。

6.3.2 综合体建筑群负荷的预测方法比较

在寒冷地区校园建筑的负荷预测中，主要有面积负荷指标法、软件模拟预测法、统计模型预测法、情景分析法等研究方法（表6-4）。

各类区域建筑负荷预测方法比较 表6-4

预测方法	预测阶段			预测周期			特点
	用能规划	系统设计	系统运行	短期	中期	长期	
面积负荷指标法	●	●				●	静态的估算方法，不能反映负荷的动态特性，会高估校园建筑负荷

续表

预测方法		预测阶段			预测周期			特点
		用能规划	系统设计	系统运行	短期	中期	长期	
统计模型预测法	回归分析法			●	●	●	●	需大量历史数据，获得影响因子与负荷间的回归函数，预测精度不高
	时间序列法			●	●			需大量历史数据，且建模过程比较复杂，需要较高的理论水平
	人工神经网络法			●	●			需大量历史数据，能处理非线性关系，预测精度高，但选择输入变量不当会影响预测结果
	支持向量机法			●	●			所需历史数据较少，能处理非线性关系，预测精度高，但计算速度慢
	灰色理论法	●	●	●		●	●	所需历史数据较少，预测精度一般
软件模拟预测法		●	●			●	●	需要气象参数及详细的建筑信息，计算精度高
情景分析法		●	●			●	●	需要设定多种情景，但具有不确定性

对于校园建筑单体来说，面积负荷指标法、软件模拟预测法以及统计模型预测法等负荷预测方法的应用基本相同。在实际校园前期规划中的建筑能耗模拟计算时，建筑尚未设计，缺少基本的研究数据，难以对校园的建筑形式和数据建模。所以需要根据经验，拟定可能的几种模式研究，即应用情景分析法（Scenario Analysis）。

"情景分析法"是在科学研究过程中提出一些假设的基础，经过详细、严密地构思推衍以后，对可能发生的问题提出应对方案，进而由某些事情的初始简单依据向未来状态进行推理分析。对于寒冷地区校园建筑负荷的情景分析研究，是对校园建筑负荷的多种不确定影响因素（例如热工参数、负荷强度等）进行不同情景设置，统计分析不同模式的建筑负荷，给出不同情景负荷的概率分析，形成建筑群负荷预测的方法。

　　校园规划前期的负荷预测参考数据有：①校园建筑的总体规划和各项设计（特别是能源相关的设计规划）的基础数据；②国家和地方各级建筑节能标准和绿色建筑评价设计要求；③邻近或相关的区域建筑能耗统计及规划，或监控平台的实测数据；④基于经验或参考的典型单体建筑模拟结果，以及规划目标等校园设计指标。同时，校园建筑的负荷预测结果有两类：①校园建筑能源系统的设计负荷（即静态数据）；②校园建筑能源系统的运行负荷（即动态数据）。

　　在实际的新建校园建筑群负荷预测过程中，基本可以分两类：自上而下（Top-down）分析方法和自下而上（Bottom-up）分析方法。校园规划前期的建筑群负荷模拟预测方法，也立足于此。

6.3.2.1　自上而下的分析方法

　　从整体为切入点，采用化整为零的手段，即自上而下的建筑能源分析方法。通过一些经验模型或设计策略形成各单体的设计参数。也就是从整体规划的角度，把新建校园内相关的建筑单体作为一个耗能的整体，而不是研究单栋建筑情况。参数包括宏观经济指标、区域气候、建筑布局和建筑数量等。

　　20 世纪 70 年代能源危机后，自上而下的分析方法（图 6-7）进入应用时期。Hirst 等人利用美国住宅的全年能耗数据模型，借助经济统计学的多因素变量，增加了技术因素，形成以能源利用效率为研究基础的函数。英国学者 Summerfield 等人提出 ADEPT 能耗预测回归模型，对英国住宅全年能耗进行预测，这个模型是针对夏季平均温度和能源价格的连锁反应，向决策者提供一个研究途径，让微气候和能源价格产生了紧密的耦合关系。

　　目前，在整体规划的总量规模上，研究区域气候、建筑能源和经济活动的耦合关系的计量模型，表达各个区域的能源与经济产出间关系，对比过去只是关注宏观趋势与相关参数的关系以及影响能耗的单体建筑因素，还是有很大进步的。更重要的是，当所研究的校园建筑环境与气候、经济条件发生改变时，仅依赖过去的"宏观能源－经济关系"就显得不太适合了。因此，从以往数据出发的自上而下分析方法，多用于整理汇总的历史数据。当社会经济、气候环境和经济形式发生改变时，这种自上而下的分析方法就不适用了。

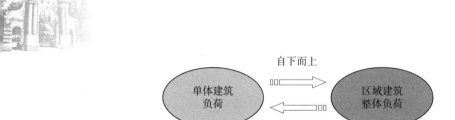

图 6-7　校园建筑群负荷预测模型的研究方法

6.3.2.2　自下而上的分析方法

自下而上的分析方法，属于化零为整的研究手段。以建筑的单体形态为研究基础，建立数据模型加以研究。自下而上方法从校园建筑的建筑形态、末端设备、建筑性能、温湿度和运行规律及特征等研究入手，把典型建筑单体用能作为细节的研究基础，进行计算模拟分析。

自下而上的研究分析，在大尺度规划的模拟预测中应用很多。在分析单体模型的详细设计数据基础上，再通过统计的设计经验或者修正后的整体预测情况，就可以进行分析研究。美国 LBNL 实验室（Lawrence Berkeley National Laboratory）曾利用 DOE-2 程序对现代商业建筑进行了标准化地模型输入，用来评估 13 个美国城市商业建筑的用能问题。在模型划分上，定义了 37 类建筑标准类型；再根据具体建筑的细节数据以及运行条件等特征来定义 481 个模型，借助国家能源局的具体标准参数数据，评估商业建筑的用能潜力（图 6-8）。

基于自下而上的分析理论，对于居住建筑，总能耗 = 典型住宅或公寓模型能耗 × 采暖或空调面积比 × 住宅或公寓房屋总数量；对于公共建筑，总能耗 = 典型建筑模型单位面积能耗 × 采暖或空调面积比 × 对应类型总建筑面积。

其最大优点是单体建筑及建筑群的能耗账单等相关基础信息容易收集。自下而上方法可利用以往工程的模拟计算或调查相关建筑的能耗状况，通过回归算法获得各项能耗指标，得出校园建筑群的能源总需求。自下而上方法是从单一的建筑设计参数搭建模型，为实现预测统计提供了研究的可能。

综合上述，利用自下而上的分析方法对于校园建筑群的能源设计预测，可从单体建筑出发模拟动态负荷，再延展到校园的总体建筑动态负荷。在确定单体建筑后，再利用模拟软件计算标准建筑的动态负荷，将单体建筑负荷扩展到校园建筑群的动态负荷，获得预测结果。

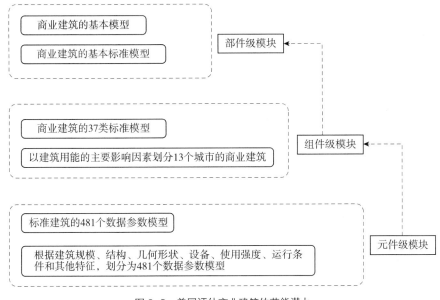

图 6-8　美国评估商业建筑的节能潜力

6.3.2.3　校园建筑群负荷预测

校园建筑群负荷预测，需要从建筑单体延展到区域尺度不同的各类型建筑群体，影响区域建筑群的能耗因素很多，包括建筑形态、微气候、使用系数、管网系统耦合、人员流动以及不同的规划角度等，因此提出建筑群负荷计算的修正公式如下：

$$Q'_t = \alpha_1 \cdot \alpha_2 \cdot \alpha_3 \cdot \sum_{j=1}^{n} q_{jt} S_j \ (t=1,\ 2,\ 3\cdots) \quad\quad (6\text{-}2)$$

式中：Q'_t——校园内建筑群逐时总负荷；

　　　q_{jt}——j 类型建筑单位面积逐时负荷指标；

　　　S_j——校园内 j 类型建筑的总面积；

　　　n——校园内建筑类型的总数；

　　　α_1——校园微气候对建筑群负荷影响的修正值；

　　　α_2——人员流动对校园建筑群负荷的修正值；

　　　α_3——其他因素对校园建筑群负荷的修正值。

对于公式中系数 α_1，即微气候对不同类型建筑负荷的修正系数，由文献调研可得到办公楼、图书馆、教学楼和食堂的夏季和冬季修正系数分别取 1.175 和 0.938，宿舍的夏季和冬季修正系数分别取 1.102 和 0.957。

对于系数 a_2，重点考虑分析了校园建筑之间的人员流动情况，统计校园建筑之间的人员流动情况输入 DeST-c 软件中，计算得到校园建筑群负荷，将该负荷值除以未考虑人员流动的负荷值得到系数 a_2。

对于系数 a_3，在这里暂时不考虑，故取值为 1。

6.3.3　基于不同建筑群的综合体负荷平准化优化

对于绿色校园的前期规划来说，由于不同建筑类型的负荷曲线具有较强的互补性，因此将校园内 4~5 种不同类型建筑功能空间相互兼容（即建筑功能混合），按照一定比例进行混合封装，可使该建筑群的逐时负荷曲线产生较大变化，根据平准化程度最优化计算得到最佳的建筑类型配比。

负荷的平准化是指建筑群负荷的平稳程度，不同功能状态的建筑群，以最优比例进行建筑组合，可有效提高建筑能源效率。校园综合体可以看作是一组建筑的综合体，进行负荷平准化优化，可获得不同功能建筑的最佳配比。在国内外的负荷平准化研究中，有刘海静、潘毅群等在区域或商业建筑中进行了优化研究，对于学校综合体尚未发现有利用平准化优化方法研究的。

6.3.3.1　校园建筑群类型混合对负荷平准化的意义

校园负荷平准化优化，即利用校园建筑的平均负荷与最高负荷比较，对平均负荷与最高负荷之间的差异程度进行优化处理。目前，在研究寒冷地区校园的负荷特性时，一般采用负荷率及峰谷差率来预测建筑负荷波动平稳性及峰谷特性。校园建筑的平准化负荷率就是利用平均的与最高的建筑能源负荷差值，衡量两者间的相对差异，假设校园建筑不同类型单体使用同一套建筑能源系统，则建筑负荷率越大的情况，设备的利用率就会显得越大；峰谷差为校园建筑群的最高负荷与最低负荷的差值比较，峰谷差率为峰谷差与最高负荷的相对数据比值，峰谷差率越小的情况，负荷曲线波动就会显得越小，平稳化程度就最好。

然而在描述负荷特征时，常用的负荷率及峰谷差率这两个指标在不同平准化程度时会产生相同的结果，因此仅用这两个指标来描述负荷特性会存在一定的局限性，所以也采用日负荷变化的标准差来校对建筑群负荷平准化的程度。

6.3.3.2　基于校园建筑类型混合的负荷平准化优化模型

依据上一章节综合体的整体型组合方案 A（即由办公楼、教学楼、图书馆、食堂、宿舍五类建筑组成）、局部型组合方案 B（即由办公楼、教学楼、食堂、宿舍四类建筑组成）、方案 C（即由办公楼、教学楼、图书馆、宿舍四类建筑组成），对不同的 4~5 种建筑功能（单体建筑）进行等量混合，在逐时冷、热、电负荷的影响下，进行平准化计算，如图 6-9 所示。

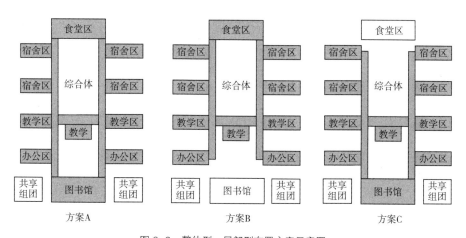

图 6-9　整体型、局部型布置方案示意图

假定总建筑面积不变，对综合体建筑群进行解构描述，建立的模型如下。

（1）整体型综合体的建筑配比计算

整体型综合体（方案 A）具有校园的五种典型建筑类型，定义各建筑类型的面积比重为：

$$\beta_1+\beta_2+\beta_3+\beta_4+\beta_5=1 \tag{6-3}$$

式中：β_1——办公（科研）楼的建筑面积比例；

β_2——教学楼的建筑面积比例；

β_3——图书馆的建筑面积比例；

β_4——食堂的建筑面积比例；

β_5——宿舍的建筑面积比例。

对于建筑群冷负荷，有：

$$L_{\text{cooling}-j}=\alpha_1 \cdot \alpha_2 \cdot \alpha_3 \sum_{i=1}^{5}\beta_i b_{ij}\ (j=1,2\cdots,24) \tag{6-4}$$

式中：α_1，α_2 和 α_3——公式（6-2）中的修正系数；

β_i——不同建筑类型的面积比例；

b_{ij}——不同建筑典型日不同时刻的冷负荷值（W）；

$L_{\text{cooling}-j}$——建筑群典型日的逐时冷负荷（W）。

日负荷的标准差为：

$$S_{\text{cooling}}=\sqrt{\frac{\sum_{j=2}^{24}\left(L_{\text{cooling}-j}-\overline{L_{\text{cooling}}}\right)^2}{24}} \tag{6-5}$$

式中：$\overline{L_{\text{cooling}}}$——建筑群典型日逐时冷负荷的期望值（W）。

对于建筑群热负荷，有：

$$L_{\text{heating}-j}=\alpha_1 \cdot \alpha_2 \cdot \alpha_3 \sum_{i=1}^{5}\beta_i c_{ij}\ (j=1,2...,24) \tag{6-6}$$

式中：c_{ij}——不同建筑典型日不同时刻的热负荷值（W）；

$L_{\text{heating}-j}$——建筑群典型日的逐时热负荷（W）。

$$S_{\text{heating}}=\sqrt{\frac{\sum_{j=1}^{24}\left(L_{\text{heating}-j}-\overline{L_{\text{heating}}}\right)^2}{24}} \tag{6-7}$$

式中：$\overline{L_{\text{heating}}}$——建筑群典型日逐时热负荷的期望值（W）。

对于建筑群电负荷，有：

$$L_{\text{ele}-j}=\alpha_1 \cdot \alpha_2 \cdot \alpha_3 \sum_{i=1}^{5}\beta_i d_{ij}\ (j=1,2...,24) \tag{6-8}$$

式中：d_{ij}——不同建筑典型日不同时刻的电负荷值（W）；

$L_{\text{ele}-j}$——建筑群典型日的逐时电负荷（W）。

$$S_{\text{ele}}=\sqrt{\frac{\sum_{j=1}^{24}\left(L_{\text{ele}-j}-\overline{L_{\text{ele}}}\right)^2}{24}} \tag{6-9}$$

式中：$\overline{L_{\text{ele}}}$——建筑群典型日逐时电负荷的期望值（W）。

因此，建立目标函数：

$$\min S=\min\ (S_{\text{cooling}}+S_{\text{heating}}+S_{\text{ele}}) \tag{6-10}$$

其约束条件为校园中五个类型建筑的面积比例和为 1，且每个面积比例均大于等于 0、小于等于 1。

输入的初始条件有：$\alpha_1 \cdot \alpha_2 \cdot \alpha_3$ 在夏季取 1.1，在冬季取 0.77；b_{ij}，c_{ij} 和 d_{ij} 均为 24×5 阶矩阵，其具体值如下所示。

b_{ij} 为：

$$
\begin{vmatrix}
41.13 & 0.00 & 0.00 & 0.00 & 0.00 \\
34.59 & 0.00 & 0.00 & 0.00 & 0.00 \\
31.26 & 0.00 & 0.00 & 0.00 & 0.00 \\
29.20 & 0.00 & 0.00 & 0.00 & 0.00 \\
27.75 & 0.00 & 0.00 & 0.00 & 0.00 \\
26.64 & 0.00 & 0.00 & 0.00 & 0.00 \\
25.85 & 0.00 & 0.00 & 0.00 & 0.00 \\
0.00 & 33.52 & 1.59 & 1.71 & 0.00 \\
0.00 & 40.99 & 9.22 & 8.44 & 63.76 \\
0.00 & 34.50 & 14.61 & 15.47 & 74.67 \\
0.00 & 0.00 & 19.88 & 22.33 & 82.17 \\
0.00 & 68.18 & 24.49 & 28.63 & 89.05 \\
0.00 & 72.98 & 28.29 & 33.80 & 63.25 \\
0.00 & 65.48 & 32.49 & 38.37 & 83.83 \\
0.00 & 0.00 & 34.26 & 41.25 & 107.81 \\
0.00 & 0.00 & 43.78 & 53.51 & 121.32 \\
0.00 & 84.12 & 45.86 & 55.39 & 123.84 \\
0.00 & 104.43 & 60.62 & 84.70 & 108.33 \\
0.00 & 96.92 & 58.54 & 81.02 & 82.39 \\
0.00 & 0.00 & 73.46 & 111.35 & 79.76 \\
0.00 & 0.00 & 93.98 & 130.20 & 103.68 \\
0.00 & 0.00 & 107.14 & 146.54 & 54.66 \\
11.97 & 0.00 & 111.06 & 152.56 & 52.20 \\
16.48 & 0.00 & 0.00 & 0.00 & 47.14 \\
\end{vmatrix}
$$

c_{ij} 为：

$$
\begin{vmatrix}
0.00 & 0.00 & 0.00 & 0.00 & 2.35 \\
0.00 & 0.00 & 0.00 & 0.00 & 2.05 \\
0.00 & 0.00 & 0.00 & 0.00 & 1.87 \\
0.00 & 0.00 & 0.00 & 0.00 & 1.77 \\
0.00 & 0.00 & 0.00 & 0.00 & 1.71 \\
0.00 & 121.95 & 97.19 & 0.00 & 1.67 \\
0.00 & 147.92 & 115.57 & 134.33 & 1.64 \\
150.67 & 144.60 & 110.53 & 136.61 & 0.00 \\
150.29 & 138.37 & 106.28 & 126.90 & 0.00 \\
122.27 & 130.85 & 99.88 & 124.12 & 0.00 \\
108.68 & 125.69 & 95.68 & 0.00 & 0.00 \\
97.15 & 119.28 & 90.61 & 102.51 & 0.00 \\
100.36 & 107.70 & 81.04 & 88.51 & 0.00 \\
88.24 & 101.95 & 76.07 & 87.46 & 0.00 \\
64.54 & 91.56 & 68.26 & 0.00 & 0.00 \\
58.75 & 88.88 & 66.43 & 0.00 & 0.00 \\
60.74 & 92.23 & 69.39 & 88.78 & 0.00 \\
71.74 & 81.39 & 61.83 & 77.27 & 0.00 \\
89.18 & 81.79 & 61.41 & 77.70 & 0.00 \\
94.13 & 69.63 & 52.67 & 0.00 & 0.00 \\
97.35 & 67.06 & 50.33 & 0.00 & 0.00 \\
51.87 & 66.17 & 49.54 & 0.00 & 0.00 \\
55.23 & 64.78 & 47.54 & 0.00 & 8.76 \\
55.97 & 0.00 & 0.00 & 0.00 & 4.88 \\
\end{vmatrix}
$$

d_{ij} 为：

$$
\begin{vmatrix}
1.20 & 0.47 & 1.45 & 1.78 & 0.71 \\
1.20 & 0.48 & 1.45 & 1.78 & 0.72 \\
1.20 & 0.47 & 1.44 & 1.76 & 0.70 \\
1.20 & 0.47 & 1.44 & 1.76 & 0.70 \\
1.20 & 5.67 & 1.44 & 1.76 & 0.70 \\
1.20 & 5.67 & 1.44 & 1.76 & 0.70 \\
1.20 & 6.06 & 1.93 & 2.80 & 1.78 \\
10.80 & 6.61 & 2.67 & 5.33 & 5.85 \\
10.80 & 80.14 & 6.87 & 12.42 & 34.88 \\
10.80 & 5.72 & 13.06 & 24.00 & 38.84 \\
10.59 & 10.11 & 13.02 & 23.96 & 37.61 \\
10.59 & 10.31 & 11.18 & 20.37 & 32.58 \\
10.80 & 10.05 & 9.12 & 16.93 & 13.14 \\
10.80 & 80.28 & 11.31 & 20.43 & 20.81 \\
10.80 & 4.65 & 13.09 & 24.04 & 38.68 \\
10.80 & 3.73 & 13.11 & 24.06 & 37.69 \\
10.26 & 6.55 & 11.76 & 20.46 & 37.64 \\
10.26 & 9.15 & 18.98 & 26.58 & 29.31 \\
9.47 & 10.42 & 17.35 & 25.08 & 14.14 \\
18.63 & 11.13 & 24.04 & 29.26 & 15.50 \\
22.43 & 7.68 & 23.87 & 29.07 & 15.30 \\
27.10 & 5.07 & 22.84 & 27.22 & 14.63 \\
23.90 & 3.04 & 21.41 & 23.56 & 4.78 \\
23.90 & 0.62 & 1.58 & 1.91 & 3.95 \\
\end{vmatrix}
$$

利用 Matlab 优化程序（附录 F）计算得到 S 最小时的校园建筑类型混合比例为，$\beta_1 : \beta_2 : \beta_3 : \beta_4 : \beta_5 = 0.50 : 0.12 : 0.10 : 0.08 : 0.20$。

即方案 A 各类建筑面积的最佳混合比为，办公（科研）楼：教学楼：图书馆：食堂：宿舍 $=0.50 : 0.12 : 0.10 : 0.08 : 0.20$。

此时 S 值为 15.34，其中 S_{cooling}、S_{heating} 和 S_{ele} 的值分别为 3.58、9.28 和 2.48。

（2）局部型综合体的建筑配比计算

按照以上计算过程，再次建立设计模型，并给局部型的各建筑类型的面积定义比重：

$$\beta_1 + \beta_2 + \beta_3 + \beta_4 + \beta_5 = 1 \tag{6-3}$$

式中：β_1——办公（科研）楼的建筑面积比例；

　　　β_2——教学楼的建筑面积比例；

　　　β_3——图书馆的建筑面积比例；

　　　β_4——食堂的建筑面积比例；

　　　β_5——宿舍的建筑面积比例。

当 $\beta_3 = 0$ 时（即图书馆面积设定为零时），输入的初始条件有：$\alpha_1 \cdot \alpha_2 \cdot \alpha_3$ 在夏季取 1.1，在冬季取 0.77；列出相应矩阵，利用 Matlab 优化程序（附录 F）计算得到 S 最小时的校园建筑类型混合比例为，$\beta_1 : \beta_2 : \beta_4 : \beta_5 = 0.54 : 0.14 :$

0.10∶0.22。

即局部型方案 B 最佳各类建筑面积混合比为，办公（科研）楼∶教学楼∶食堂∶宿舍 =0.54∶0.14∶0.10∶0.22。

当 β_4=0 时（即食堂面积设定为零时），输入的初始条件有：$\alpha_1 \cdot \alpha_2 \cdot \alpha_3$ 在夏季取 1.1，在冬季取 0.77；列出相应矩阵，利用 Matlab 优化程序（附录 F）计算得到 S 最小时的校园建筑类型混合比例为，$\beta_1∶\beta_2∶\beta_3∶\beta_5$ =0.52∶0.13∶0.11∶0.24。

即局部型方案 C 最佳各类建筑面积混合为，办公（科研）楼∶教学楼∶图书馆∶宿舍 = 0.52∶0.13∶0.11∶0.24。

6.3.4　日负荷平准化下的综合体配比与国家标准比较

校园规划中的不同类型建筑能耗，有一定按照间歇性周期的作息时间使用的规律，每天系统主要运行时间都在 10 小时左右，全天能耗互补性较大。在当前峰谷电价的形势下，蓄冷蓄热系统具有很好的经济性、高效性。通过对寒冷地区多个校园空调系统实地分析，将夜间所蓄冷热量在白天释放，可以满足白天空调峰时冷热量需求，即利用蓄冷蓄热系统有很好的作用。

日平准化负荷概念的提出，是预测城市校园建筑能源系统设计容量的最佳办法。校园建筑某一天日平准负荷 L_j 的简单计算：将一天之中所有时间的负荷累加，除以该天的建筑系统供能小时数，得到日平准化负荷。其计算式如下：

$$L_j = \frac{1}{i} \sum_{i=1}^{i} L_{j,i} \qquad (6-11)$$

式中：j——空调或采暖季的某一天；

　　　i——该天空调或供暖小时数（h）；

　　　$L_{j,i}$——某一天 i 时刻的单位面积负荷（W/m²）。

对应的日平准化冷负荷 $L_{j,c}$ 为：

$$L_{j,c} = \frac{1}{i} \sum_{i=1}^{i} L_{j,i,c} \qquad (6-12)$$

式中：$L_{j,i,c}$——某一天 i 时刻的单位面积冷负荷（W/m²）。

对应的日平准化热负荷 $L_{j,h}$ 为：

$$L_{j,h} = \frac{1}{i} \sum_{i=1}^{i} L_{j,i,h} \qquad (6-13)$$

式中：$L_{j,i,h}$——某一天 i 时刻的单位面积热负荷（W/m²）。

6.3.4.1　典型情景下校园建筑冷热电负荷分析

本书以传统校园的建筑空调、采暖系统选用的典型日负荷，作为设计依据，但空调系统确定所依据的负荷信息仅仅是某一个时间段的负荷信息，而将实际校园建筑运行中其他非最大负荷日的数据信息忽略。并且利用该典型日负荷曲线确定建筑设计系统容量时，设计师个人的自由度是很大的，结果可能会存在较大的差异。通过排序上的不同值及其对应不保证率信息，通过日平准化与典型日负荷的不同阶段相比，综合考虑空调采暖季的整体数据，不仅仅代表典型日，还可以为设计人员提供更多的信息。因此，在本节的研究中，重点以不同不满足率情景下，校园整体建筑群的设计负荷变动情况，对将该设计负荷进行平准化所需的蓄能率进行优化和校对。

以 6.3.3 节中整体型方案优化计算的结果（$\beta_1 : \beta_2 : \beta_3 : \beta_4 : \beta_5$=0.50：0.12：0.10：0.08：0.20）对不同类型的建筑混合配比进行计算，根据校园建筑群负荷预测方法得到的全年逐时负荷，分别设定不满足率为 0、1%、2%、3% 时的四种情景，计算四种情景下典型日冷热负荷，如图 6-10、图 6-11 所示，得到校园建筑负荷的全年不满足小时数和蓄能率，如表 6-5 所示。

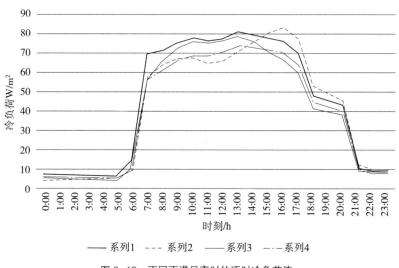

图 6-10　不同不满足率时的逐时冷负荷值

图 6-9、图 6-10 中系列 1 为不满足率 0，系列 2 为不满足率 1%，系列 3 为不满足率 2%，系列 4 为不满足率 3%。

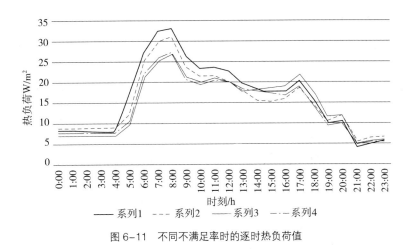

图 6-11　不同不满足率时的逐时热负荷值

由图 6-10 和图 6-11 可以看出，各不同情境模式下的典型日负荷的曲线变化并不明显。

全年不满足小时数和蓄能率　　　　　　　表 6-5

不满足率		0	1%	2%	3%
不满足小时数 /h	冷负荷	0	4	9	36
	热负荷	0	4	25	24
蓄能率	冷负荷	34.11%	32.79%	31.23%	29.75%
	热负荷	28.69%	23.89%	21.34%	20.81%

由图 6-10、图 6-11 及表 6-5 可以看出，不满足率变化时，对于日平准化的建筑负荷值影响不大，因此，减小不满足率基本上对负荷系统的设计容量影响不明显。当不满足率达到 3% 时，年不满足小时数大于《民用建筑供暖通风与空气调节设计规范》GB 50736—2012 中规定的 50 个小时，不满足规范要求，因此，不满足率最大可以选择 2%；其次不满足率在 0 和 1% 时，逐时建筑负荷、不满足小时数和建筑蓄能率的差别不明显，因此本书选取不满足率为 0 和 2% 两种情景模式，进行以下设计分析计算。

为了验证上一节中，获得的最优平准化建筑面积配比，选取整体型综合体作为情景 A（建筑群类型配比为 $\beta_1 : \beta_2 : \beta_3 : \beta_4 : \beta_5 = 0.50 : 0.12 : 0.10 : 0.08 : 0.20$），以及《住房城乡建设部 国家发展改革委关于批准发布〈普通高等学校建筑面积指标〉的通知》（建标〔2018〕32 号）中规定的校园建筑配比标准（即 $\beta_1 : \beta_2 : \beta_3 : \beta_4 : \beta_5 = 0.40 : 0.11 : 0.06 : 0.05 : 0.38$）作为对比的计算情景 B（简称"国标"）。通过对不同不满足率和蓄能率的计算，从校园建筑群负荷角度，对整体型综合体设计和国家整体校园建筑配比指标进行优化对比和校核。

6.3.4.2 不同情景下校园建筑平准化负荷特征比较

在 6.3.4.1 节计算的基础上，分别计算了情景 A 和情景 B 在不满足率为 0 和 2% 时，校园建筑群典型日冷热逐时负荷及日平准化负荷变化。

不满足率为 0 时，冷负荷和热负荷的特征分别如图 6-12 和图 6-13 所示；不满足率为 2% 时，冷负荷和热负荷的特征分别如图 6-14 和图 6-15 所示，具体负荷特征分析如下。

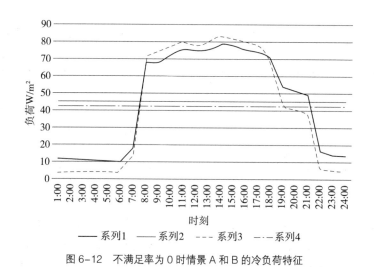

图 6-12　不满足率为 0 时情景 A 和 B 的冷负荷特征

图 6-12 中系列 1 和系列 2 代表情景 A，系列 3 和系列 4 代表情景 B。从图中可以看出，在不满足率为 0 的情况下，情景 A 的逐时负荷更接近于平准化负荷，也就是说情景 A 的负荷设计结果更有利于校园能源系统的设计。

另外，计算得到了情景 A 和情景 B 校园建筑群冷负荷的蓄能率分别为 34.11% 和 37.25%。从蓄能率的大小可以看出，情景 A 的平准化更容易实现（蓄能率更小），后续能源系统的运行也更节能。

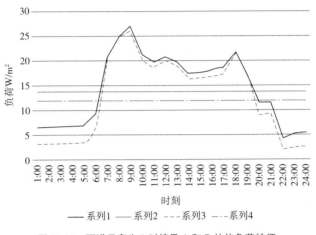

图 6-13　不满足率为 0 时情景 A 和 B 的热负荷特征

图 6-13 中系列 1 和系列 2 代表情景 A，系列 3 和系列 4 代表情景 B。从图中可以看出，情景 A 的逐时热负荷更接近于平准化负荷，这意味着情景 A 的负荷设计更有利于校园能源系统的设计和后续运行。

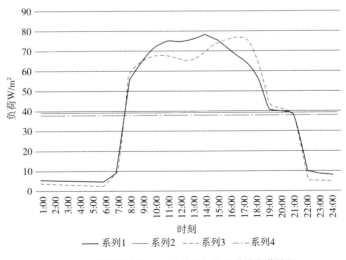

图 6-14　不满足率为 2% 时情景 A 和 B 的冷负荷特征

另外，计算得到了情景 A 和情景 B 校园建筑群热负荷的蓄能率分别为 28.69% 和 29.86%。

图 6-14 中系列 1 和系列 2 代表情景 A，系列 3 和系列 4 代表情景 B。从图中可以看出，情景 A 的逐时冷负荷更接近于平准化负荷，这意味着情景 A 的负荷设计更有利于校园能源系统的设计和后续运行。

另外，计算得到了情景 A 和情景 B 校园建筑群冷负荷的蓄能率分别为 31.33% 和 34.67%。从蓄能率的数值上来看，与不满足率为 0 相比，不满足率为 2% 时情景 A 和 B 的冷蓄能率明显降低，这意味 2% 不满足率的校园建筑群负荷设计有利于校园能源系统的设计和后续运行。

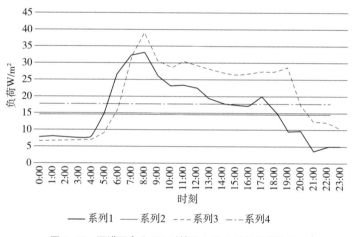

——系列1　——系列2　- - -系列3　--系列4

图 6-15　不满足率为 2% 时情景 A 和 B 的热负荷特征

图 6-15 中系列 1 和系列 2 代表情景 A，系列 3 和系列 4 代表情景 B。从图中可以看出，情景 A 的逐时热负荷更接近于平准化负荷，这意味着情景 A 的负荷设计更有利于校园能源系统的设计和后续运行。

另外，计算得到了情景 A 和情景 B 校园建筑群热负荷的蓄能率分别为 21.34% 和 25.43%。从蓄能率的数值上来看，与不满足率为 0 相比，不满足率为 2% 时情景 A 和 B 的热蓄能率明显降低，这意味不满足率 2% 的校园建筑群负荷设计更有利于校园能源系统的设计和后续运行。

综上所述，通过本章建立的校园建筑类型混合优化模型计算得到的建筑面积比例（$\beta_1 : \beta_2 : \beta_3 : \beta_4 : \beta_5 = 0.50 : 0.12 : 0.10 : 0.08 : 0.20$）和全年不满足率

为 2% 情景下的校园建筑群负荷设计，比没有经过优化的现代校园（国家标准）建筑配比，更有利于校园能源系统在设计、建设和运行阶段的节能减排（减排是因为能效提升导致的能源消耗量降低）。因此，建议校园建筑群宜在不满足率为 2% 的情景下，利用绿色校园不同建筑类型的混合优化模型，进行低能耗的校园负荷配比设计。

第 7 章

寒冷地区校园综合体低能耗模块化解决方法及设计应用

多因素约束下的校园综合体低能耗模块化设计过程
校园综合体低能耗设计应用中的问题及解决方案
石家庄某大学新校园的低能耗模块化设计应用

"中国书院自诞生之日起，就把山水胜地作为原址首选"（赵万民）。崇尚山水观念固然重要，但是也给现代校园的规划设计带来了很多难点，尤其是寒冷地区校园的低能耗建筑设计，在"因地制宜""因势利导"之外，还需要在校园规划前期阶段，进行多因素约束的"建筑与能源"耦合研究。

前面第 5 章、第 6 章研究了校园综合体外在形态、环境以及内部负荷的低能耗设计路径。这有利于设计师从建筑功能和能源影响的双重角度，重新认识建筑综合体的低能耗设计策略，为校园综合体的建筑规划设计提供了一种介于能源利用优化与建筑功能设计之间的低能耗因素约束关系。但是具体到校园综合体与新校区应用设计之间的案例结合，还有一些设计指标与国家高校校舍标准、规范之间存在冲突，需要优化解决并实际应用。

校园规划应用属于规划层面的低能耗设计。低能耗综合体设计，虽然属于建筑群的综合体设计，但在某种意义上说还是属于校园项目中功能、能耗等比较复杂的建筑设计层面；而以综合体为特色的新校园建筑低能耗规划设计，则需要考虑区域气候、自然环境、场地地形、规划规模、人口因素、综合体配比、景观艺术、能源优化以及国家规范标准等诸多因素在内的"多规合一"综合设计和利弊权衡，属于复杂的校园规划层面设计。

本章以石家庄某大学新校区规划为应用案例，在校园项目规划前期，结合第 4 章的标准化设计、系列化设计、组合化设计等模块化设计方法，对校园综合体的选择及相关配套环境（第 5、6 章）进行多因素的能耗约束和方案优化比较，利用低能耗约束因素来快速地实现新校园项目的建筑规划设计。

7.1　多因素约束下的校园综合体低能耗模块化设计过程

通过模块化设计和数据分析，寒冷地区校园综合体建筑的低能耗设计，可以通过综合体建筑自身的设计重构，初步包括：单体节能参数设定、互补性的建筑组合以及综合体的规模控制等模块，同时初步估算综合体建筑的表皮空间、配套环境空间的预留面积，根据太阳能收集技术、地源热泵技术来计算能源总量，进行两者预留空间与能源供需的耦合设计，降低校园建筑规划中的建筑能耗，实现低能耗绿色校园综合体建筑的模块化设计。

结合石家庄某大学新校区建筑规划设计，以本书第 4 章的模块化设计研究方法，从校园规划前期的组合化设计、系列化设计、标准化设计入手，实现低能耗的设计要求，具体过程如下。

以综合体设计特色下的整体建设视角，构建低能耗的校园组合化规划模式。结合本书第 5、6 章研究获得的外在形态尺度控制、配套环境产能估算及建筑最优配比约束条件，从负荷优化的角度，以不同功能建筑的综合体组合方案，形成不同的综合体单体建筑，作为校园设计前期的基本组成单元；从校园规划的角度，以"多个最优综合体和次优综合体"或"多个综合体和补充组团"组合的形式，解决综合体最优配比和国家对整体校园校舍指标的不一致问题，为校园正常教学活动在规划前期提供合理的规划设计指标；以"综合体和配套环境"组合的空间耦合和产能置换，在满足校园功能的同时解决建筑群能耗大的问题，实现高密度、低容积率的综合化、复合化校园设计（图 7-1）。

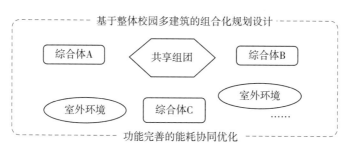

图 7-1　校园"生态景观 + 综合体 / 组团"规划示意

以低能耗的相关技术系统或方案设计，构建系列化的技术设计推敲。结合本书第 2 章的校园演化和能源利用调研以及第 3 章的敏感性分析，在校园典型建筑组成及形态发展、校园常用新能源利用以及设计前期的重要影响因素分析之后，对于校园建筑群功能相关性与步行尺度约束下的组合形式、太阳能与建筑一体化利用与能源供需及空间耦合、地源热泵与配套环境一体化利用与能源供需及空间置换等问题，以量化的形式，为校园建设决策者或校园设计师提供支持和帮助。

从校园建筑的低能耗设计角度，构建技术参数标准化数据库。在本书第 5、6 章的外在形态、配套环境及内在负荷优化的基础上，从部件级产品参数、组件级组件参数到元件级节点参数等各级设计数据的整合归纳，梳理校园建筑规划和能耗设计的耦合参数，包括区域气候环境、建筑自节能设置、建筑形态控制要求、太阳能相关技术、地热利用相关技术、建筑综合体配比等数据设定，为校园综合体的建筑组合、产能估算、能耗模拟、负荷平准化计算提供标准化的数据基础，形成寒冷地区校园综合体标准化的参数数据库。

7.2 校园综合体低能耗设计应用中的问题及解决方案

由于设计出发点不同，最终结论也不一样。建筑负荷平准化是对能耗的优化配比，国家校舍标准是对用户功能需求的建筑配比，两个数据难免存在不一致性。两者数据的矛盾问题需要经过组合优化处理，才可适合当下校园规划或综合体的建筑设计，满足实际中的寒冷地区绿色校园建设的设计应用需求。具体分析如下。

7.2.1 不同时期的国家校舍建筑指标对比及分析

近30年里，针对高校校园建筑规划指标，国家教育主管部门、国家发展改革委员会及中国建筑学会等单位多次发文，主要有以下几个标准（本书按照工科院校、1万人规模校园作为数据统计标准）：

1992年，原建设部、原国家计划委员会、原国家教育委员会联合发布《关于批准发布〈普通高等学校建筑规划面积指标〉的通知》（建标〔1992〕245号）（以下简称《92指标》），提出了高校27.29m²/生的面积指标，并对每所学校的教室、图书馆、实验室实习场所及附属用房、风雨操场、校行政用房、系行政用房、会堂、学生宿舍、学生食堂、教工住宅、教工宿舍、教工食堂、生活福利及其他附属用房共十三项，从官方的角度提供了大学、专门学院校舍规划建筑面积指标以及相应的折减系数。

2004年，《教育部办公厅关于印发〈普通高等学校体育场馆设施、器材配备目录〉的通知》（教体艺厅〔2004〕6号），规定在校学生1万人规模的高校（发展类）体育场地配套为5.6m²/生。

2017年8月，中国建筑工业出版社、中国建筑学会联合主编的《建筑设计资料集（第三版）》第4分册教科部分（华南理工大学建筑学院分编）（以下简称"资料集"），提出了高校校园28.50m²/生的面积指标，对于高等院校的十二项（取消了教工宿舍项）校舍建筑面积参考指标提出了修改建议。

2018年4月，住房和城乡建设部、国家发展改革委颁布《住房城乡建设部 国家发展改革委关于批准发布〈普通高等学校建筑面积指标〉的通知》（建标〔2018〕32 号）（以下简称《18 指标》，提出高校 28.40m²/ 生的面积指标，并对每所学校的教室、图书馆、实验室实习场所及附属用房、风雨操场、校行政用房、系行政用房、会堂、学生宿舍、学生食堂及其他附属用房等共十二项，更新了《92 指标》（资料集和《18 指标》校舍数据相近，在这里暂不作分析）。

本书参考工科院校 1 万人规模，对《92 指标》和《18 指标》的五类典型建筑比例，即：办公楼（各级办公类、科研试验、附属用房等办公试验用房）、教学楼、图书馆、食堂、宿舍（学生宿舍、学生公寓）等数据做了以下对比。

《92 指标》与《18 指标》的高校校舍数据对比　　　　表 7-1

建筑类型	办公（科研）	教室	图书馆	食堂	宿舍	总面积指标（m²/ 生）/ 其他面积指标（m²/ 生）
《92 指标》建筑比例	0.50	0.14	0.06	0.05	0.25	27.29/0.99
《92 指标》建筑面积指标（m²/ 生）	13.29	3.60	1.61	1.30	6.50	
《18 指标》建筑比例	0.40	0.11	0.06	0.05	0.38	28.40/2.07
《18 指标》建筑面积指标（m²/ 生）	10.42	2.95	1.71	1.25	10	

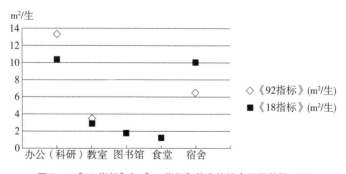

图 7-2　《92 指标》与《18 指标》的高校校舍面积数据对比

从表 7-1 及图 7-2 中的数据比较，可以发现：

（1）两个标准的校舍总面积指标（m²/ 生）以及图书馆、食堂的指标参数变化基本不大，但是高校学生宿舍由原来的 6.5m²/ 生提高到了 10.0m²/ 生，居住条件提高，比例上浮 50% 左右。

（2）图书馆、食堂的整体配比改变不大，办公（科研等）楼与教学楼的相对比例，基本上改变很小。

由于石家庄某大学新校区的校园建筑规模是在 2018 年初经过国家发展改革委审批的，采用的是《92 指标》作为官方审批依据。作为科学严谨的研究类书籍，本书采取以新版《18 指标》为主，同时参考《92 指标》的原则，进行石家庄某大学校园建筑的低能耗设计研究。

7.2.2　校园综合体最优配比与国标对比及解决方案

将上一章 6.3.3 节中得到校园综合体的整体型方案 A（办公、教学、图书馆、食堂、宿舍五类建筑组成）以及局部型方案 B（办公、教学、食堂、宿舍四类建筑组成）、方案 C（办公、教学、图书馆、宿舍四类建筑组成）的建筑最优配比，与《92 指标》《18 指标》的典型建筑比例进行数据整理，结果如表 7-2 所示。

校园的典型建筑配比　　　　　　　　表 7-2

建筑类型	《92 指标》建筑占比	《18 指标》建筑占比	整体型方案 A 建筑占比	局部型方案 B 建筑占比	局部型方案 C 建筑占比	备注
办公（科研）楼	0.50	0.40	0.50	0.54	0.52	各级办公、科研实验均计入办公
教学楼	0.14	0.11	0.12	0.14	0.13	兼顾休闲、商业等
图书馆	0.06	0.06	0.10	不计入	0.11	
食堂	0.05	0.05	0.08	0.10	不计入	
宿舍楼	0.25	0.38	0.20	0.22	0.24	
规划特点与不足	宿舍指标变化很大		宿舍不足			

具体校园建筑的指标配比数据分析如下：

（1）宏观上看，相对于《18 指标》建筑配比，方案 A、B、C 建筑最优配比中办公（科研）、图书馆、食堂部分溢出较多，但是宿舍面积均明显不足，需要配置其他共享组团来满足校园食宿生活需求。

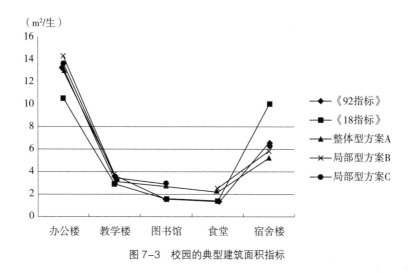

图 7-3　校园的典型建筑面积指标

（2）从局部面积指标来看（图 7-3），优化后的办公楼与教学楼建筑面积指标，与《18 指标》相比改变不大，可以满足正常的校园功能和教学要求。同时，教学建筑与办公建筑属于校园联系性很强校园功能，结合办公科研场所，通过小班化教学、师徒制教学、实验室现场教学、MOOC 视频教学等形式，可实现科研办公空间与教学空间功能的一体化空间转化，局部指标不存在矛盾问题。

（3）从规划角度来看，方案 B 图书馆指标有点高，适合以图书馆为校园中心的多综合体规划设计；方案 C 的食堂配比高，适合以食堂为共享部分的多个综合体设计。这些方案均可以组合规划设计，但都需要解决宿舍及食堂等面积问题。

综上所述，在低能耗最优的建筑组合情况下，对于《18 指标》来说，从理论上来看，寒冷地区校园综合体建筑设计，在宏观指标配置上存在一些问题，但通过方案的局部功能配比和优化组合处理，是可以满足正常教学生活活动的。

7.3　石家庄某大学新校园的低能耗模块化设计应用

一个新校园项目的规划设计，首先是满足师生教学和生活的基本建筑空间，这是校园建设的首要条件。由于综合体各个最优配比方案均不满足国家标准的校舍比例，尤其与《18 指标》的校园功能出现了很多差距，所以要想实现以综合体为特色的低能耗设计，就需要配套的建筑群体，例如："N综合体"组合或加入"共享组团"的规划形式，形成能耗最优综合体（或最优组团）、次优综合体（或次优组团）形式的并行存在，以满足校园正常的教学和生活活动。

石家庄某大学，前身为中国人民解放军铁道兵工程学院，1983年划归原铁道部，具有机械工程、土木工程、交通工程、经济管理等一级学科博士、硕士专业授予权，拥有桥梁、隧道类工程院院士及国家级科研专家数十人，曾以"解决青藏铁路地基冻土技术"而获得国家科技进步特等奖，属于工科特色明显的科研教学型现代大学。2015~2017年，学校前后在元氏县购置新校区2000亩（133.3万 m^2），一直处在规划建设阶段。该大学作为工科著称的综合类高校，计划将新校园设计成可以容纳1万人规模的现代大学校园。

以下是以模块化为设计方法，以石家庄某大学新校区规划为例的低能耗设计应用。

7.3.1　石家庄某大学新校园整体规划要求

新校园的地理位置和地形比较特殊。新校区位于河北省石家庄市南二环路以南10公里的元氏县境内，处于太行山山麓边缘，地形以丘陵为主，校园地块南北较长，西侧山地坡度较大，东侧用地平整，校园最高点和最低点高差80余米。校区规划总占地2000亩（133.3万 m^2），半数校园属于不可建设的山地或自然保护的林地，其中建设用地为1000亩（66.6万 m^2），西侧紧邻道路，校区内沟壑纵横，有部分雨水淤积。学校源自工程类部队院校，整体办学以工科著称，文科为基础。

规划建筑规模要求容纳1万人（工科、理科学院群按6000人规模计，文科、基础学科群按4000人规模计）。校园规划在不破坏山区自然生态的原则下，进行整体设计，分两期建设。第一期由工科、理科学院群学生6000人入驻新校区，形成初步完整的餐饮住宿、教学办公及科研等高校校园的教学生活体系，满足基本的教学生活要求。

具体石家庄某大学新校区的等高线地形示意图，如图7-4所示。

由图7-4可知该校园地形属于山地，地形等高线疏密不一。在各山丘之间只有东侧中间部分用地及各个山沟之间坡度用地较缓，属于可建设用地。西侧后面的山地属于自然植被保护区，划归校园用地，但不可以用于校园建设。

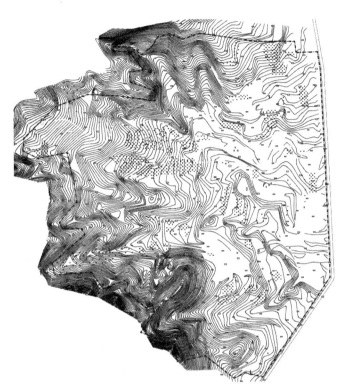

图 7-4　石家庄某大学新校区的等高线地形示意图
（图片来源：石家庄市规划部门）

　　基于石家庄某大学的新校园特殊地形和基本功能的设计要求，按照因地制宜和减少破坏自然生态的原则，校园初步规划建设方案如下（图 7-5）。

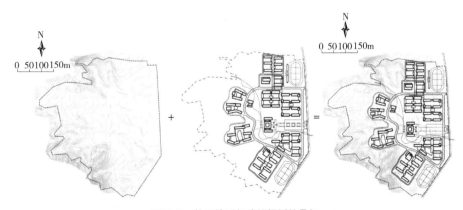

图 7-5　校园地形与建筑规划的叠加

7.3.2   校园综合体建筑的组合化设计

根据场地规模和丘陵山地等用地特点，建筑综合体体量不宜过大，联系紧密的功能之间距离不宜过大，校园综合体的规划体量也应以符合步行"五分钟"的生活圈为宜。在石家庄某大学的新校园规划设计中，结合校园尺度和规模，宜布置 2~4 个校园建筑综合体或共享组团，形成低密、集约式的校园建筑规划。

在校园建筑低能耗的组合化设计中，选择低能耗约束的典型建筑组合化设计（即综合体设计）、适合国家标准约束的"多综合体 + 共享组团"组合化设计（即多综合体设计）、适合既定校园约束的"综合体组团 + 生态景观"组合化设计（即综合体环境设计），形成校园规划前期低能耗约束的组合化设计。

7.3.2.1   多综合体的低能耗组合化设计
（1）不同类型最优配比的低能耗模块排列组合分析

多个最优配比的综合体建筑和次优组团（或综合体）方案的组合，可以完善解决与《18 指标》的差异问题。在现实的高校规划中，校园师生教学与生活的功能需求是一个固定的指标，建筑优化设计需要在能耗最低化的情况下兼顾基本功能及校园流线问题，所以本章尽量兼顾校园"功能和能耗"双因素约束的模块组合化设计，以最优化方案进行排列组合比较。

通过整体型和局部型三种最优配比方案的两两排列组合（假设增加一宿舍组团的情景下），进行综合体的组合化设计，可以实现国家校舍指标约束下的新校园规划设计，具体方案设计分析如表 7-3 所示。

多方案的组合与优化

表 7-3

组合形式	组合问题	解决方案（除增加宿舍组团外）
AA	图书馆、食堂比例稍多	基本满足
AB	图书馆比例稍不足	增加图书馆面积
BB	缺少图书馆，食堂比例高	增加 1 栋图书馆，优化食堂辅助功能
BC	缺少 1 栋食堂，图书馆欠缺较多	增加图书馆面积、加 1 栋食堂
CC	缺少食堂，图书馆比例稍超	加 2 栋食堂
AC	缺少 1 栋食堂	加 1 栋食堂

　　通过以上不同最优配比方案的组合分析，经过适当功能调整和补充以后，以综合体结合宿舍组团，即"最优组团 + 次优组团"，是可以满足新校区正常的教学和生活功能，实现综合体特色的校园建筑低能耗设计。

　　（2）校园综合体的典型建筑面积初步估算

　　由《18 指标》校园建筑配比可知：1 万人规模的工科高校，校园建筑面积指标按照 28.40m²/ 生，即需要配置规划建筑 28.4 万 m²，其中各类典型建筑 26.33 万 m²。假设按照两个综合体（或组团）结合一个共享组团，每个组团规模则初步需要 8~10 万 m²，同时，依据整体型、局部型方案以及共享组团的建筑类型组成，进行初步的典型建筑配比配置（表 7–4）。

各模式下的建筑面积分配（工科院校，1 万人规模）　　　　表 7–4

建筑类型		办公（科研）楼	教学楼	图书馆	食堂	宿舍楼	需补充的面积	
《92 指标》	比例	0.50	0.14	0.06	0.05	0.25		
	面积：万 m²	13.16	3.69	1.58	1.32	6.58		
《18 指标》	比例	0.40	0.11	0.06	0.05	0.38		
	面积：万 m²	10.53	2.90	1.58	1.31	10.01		
整体型方案 A	比例	0.50	0.12	0.10	0.08	0.20	宿舍	
	面积：万 m²	13.16	3.16	2.63	2.11	5.27	4.74	
局部型方案 B	比例	0.54	0.14	不计	0.10	0.22	宿舍	图书馆
	面积：万 m²	14.22	3.69	0	2.63	5.79	4.22	1.58
局部型方案 C	比例	0.52	0.13	0.11	不计	0.24	宿舍	食堂
	面积：万 m²	13.69	3.42	2.90	0	6.32	3.69	1.31

7.3.2.2　校园综合体的"最优""次优"能耗建筑群组合

　　选取最优配比综合体（整体型方案 A 即办公楼、教学楼、图书馆、食堂、宿舍楼的面积比为 0.50：0.12：0.10：0.08：0.20）、次优配比综合体（局部型方案 B 即办公楼、教学楼、图书馆、食堂、宿舍楼的面积比为 0.54：0.14：

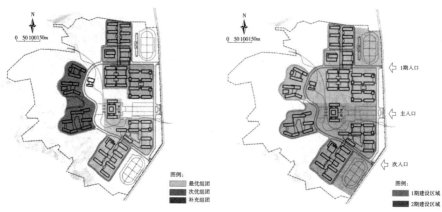

图 7-6　校园规划建筑分期建设及最优、次优组团分析

0∶0.10∶0.22，但是对于整体校园来说，图书馆面积需要稍微增加，因而为能耗次优建筑配比），结合宿舍共享组团为主的组合模式，以不等比例模式组合（即"0.8A+1.2B+宿舍组团"模式方案），满足首次入驻 6000 人（总容纳 1 万人规模）。按照《18 指标》校舍建筑配比要求，计划规划建筑 28.4 万 m²（工科高校，1 万人规模），其中各类典型建筑 26.33 万 m² 进行面积分项统计。

在学校的分期建设中，一期项目（校园北区）建设采取 B 方案组团及部分宿舍组团的方式，满足校园基本的教学、生活要求，即教学楼、办公（及相关科研、管理）楼、食堂、宿舍楼、操场等配套齐全，图书馆放于二期（校园南区）建设的 A 方案组团，实现低能耗特色的绿色山地校园规划建设（图 7-6）。

7.3.2.3　校园规划的配套环境组合化设计

按照《教育部办公厅关于印发〈普通高校体育场馆设施、器材配备目录〉的通知》（教体艺厅〔2004〕6 号），在校学生 1 万人规模高校（发展类）体育场地配套面积指标为 5.6m²/ 生，即 1 万人规模校园需要配置 2 个 400m 标准跑道（内含足球场）以及非标准足球场地（篮球、排球、网球等球场）30 块，非标准球场尽量结合田径场、宿舍区或道路集中布局，配置在综合体和综合体之间，形成"生态景观＋综合体组团"规划模式。同时，结合地源热泵地埋管的设计要求和产能总量，为校园建筑综合体低能耗设计后期提供新能源需求支持（图 7-7）。

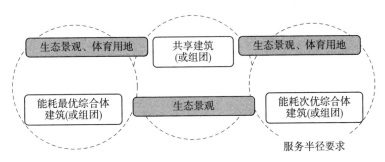

※ 图中○半径满足设计标准要求

图 7-7　"生态景观 + 综合体组团"的校园规划示意

7.3.3　校园综合体技术的系列化设计

7.3.3.1　传统校园建筑演化的系列化设计

传统校园建筑形态，从 20 世纪 60 年代的井格式街道、里坊式布局发展到后来的行列式布局，再到 21 世纪以来自由式规划及多建筑综合一体化布局模式，形成了现代校园的大型规模、"低密、高容"、多功能综合利用、传统功能分区转化及自然和谐环境设计（校园综合体的形成）。最终结合可持续的教育发展、健康环境，实现改善校园能源效率、提高环境舒适度的教学型社区，提出了绿色学校、节约型校园、绿色校园的概念。1949 年以来，在校园规划形态、校园建筑功能组成、建筑功能联系性等方面，均出现了校园建筑形态的系列化设计演化，可以为现代校园建筑的低能耗设计提供指导性的参考意见，如图 7-8 所示。

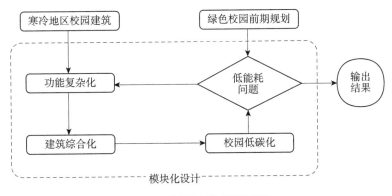

图 7-8　校园建筑的系列化发展

7.3.3.2 太阳能与建筑一体的系列化耦合设计

与建筑一体化的太阳能安装系列化设计。以太阳能薄膜光伏为例，光伏组件结合建筑形态，利用 PVSYST 光伏模拟测算的不同城市最佳太阳入射倾角，结合建筑的屋顶、墙面、门窗以及遮阳棚等建筑外表皮部位进行安装测试，如图 7-9 所示，对保定英利集团的光伏建筑表皮进行全年的太阳能资源收集。

其次估算光伏组件的安装面积、全天产能。光伏组件安装尽量利用建筑南向或东、西向的外墙布置，初步统计建筑屋顶面积、建筑立面（除北立面）的光伏电池发电面积（辐照损失为 0 当量的安装面积），初步估算屋顶或墙面产能总量（以光伏发电换算）。因为是规划设计前期的太阳能设计，按照第 5 章校园综合体形态的初步控制设置为 4~6 层，按照每个综合体的总建筑面积，可以初步计算出建筑屋顶面积，按照安装面积（辐照损失为 0 当量）进行设计前期产能总量估算。

太阳能需求量的当量换算。按照 100m² 屋顶的辐照产能安装面积（辐照损失为 0）和 5 层综合体换算，得出太阳能最优情况下为综合体每天每平方米可提供 94.56W。这样一来，就可以结合建筑规划、建筑能耗需求及屋顶光伏安装空间需求，进行当量换算，也在规划设计前预留一定量建筑表皮面积作为太阳能组件的安装空间，为校园用户提供全天候的热水或光伏电力供应。

图 7-9 保定英利集团光伏建筑表皮设计

7.3.3.3　地源热泵与配套环境一体的系列化设计

按照国家标准进行配套环境空间配置，同时，结合地源热泵地埋管的设计要求和最新的土壤导热系数地质勘查报告，初步估算场地面积、地埋井数，以集中地源热泵模式，换算出综合体附近的室外空间环境在不同季节的产能总量。

按照石家庄新校区的地热资源数据，配置一个 400m 标准运动场（1.9 万 m^2 左右）和 10 万 m^2 的综合体来换算，即地热正常情况下为综合体每小时每平方米提供 50~70W。这样一来，就可以建立一种综合体与配套环境面积之间的建筑空间及能源利用的当量换算关系。

在规划设计前期结合校园配套的生态环境或体育设施场地，为校园建筑综合体的低能耗设计提供初步的数据支持，或者为建筑能源需求预留一定的室外设计空间，实现绿色校园的绿色能源和生态环境要求（图 7-10）。

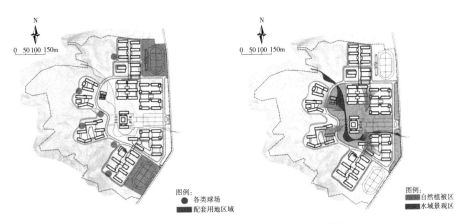

图 7-10　校园规划建筑配套设施、生态环境分析

7.3.3.4　建筑群之间的低能耗连接系列化设计

石家庄某大学新校区属于寒冷地区，校园地形坡度较大，夏季炎热，时有雨季，冬季气候寒冷，有冰雪天气，地面坡度或台阶会有湿滑，所以建筑间的连接形式也是一个重要环节。连廊设计，有应对外界恶劣气候、提高建筑舒适度的作用，同时也有保温节能、降低能耗的设计作用。

建筑单体间的连接形式很多，该校区设计以露天平台、封闭联系廊或者地下通道相连。由于该校属于铁路交通类高校，曾以"解决青藏铁路冻土技术"及铁路隧道专业在全国排名靠前，所以可以在学校建设中增加学校特色专业部分，以空中走廊、架空平台、地下连廊，实现建筑群之间的连接，尤其地下连廊，结合土壤蓄热技术、导管采光技术，实现被动式技术的冬暖夏凉设计。这样一来，既可以提高校园全天候的生活舒适度和高效率使用，又可以实现校园建筑群的低能耗设计（图7-11）。

图 7-11　校园建筑群间的特色联系走廊

7.3.4　校园综合体参数的标准化设计

对于寒冷地区校园规划的参数标准化设计，包括产品设计标准、组件系统标准、节点参数标准等与能耗有关的系统性数据库，分为部件级、组件级、元件级的标准化参数，为校园建筑低能耗系列化设计的能耗模拟、负荷优化、技术应用以及建筑规划设计提供准确的数据支持。

寒冷地区的某校园气候及资源数据库，结合经过多年记录整理的历史信息或参考 NASA 气候数据库信息，结合敏感性分析的 25 个影响因素，形成某一区域全年气候指标的标准化参数。例如，全年气温、风速及风向，降雨及蒸发量等气候指标参数，成为能耗模拟、新能源设计的有力支持。

另外，通过以上气候数据也可以获得诸多新能源的标准化设计信息。例如太阳能光伏与建筑一体化产品上，可以建立包括光伏与建筑一体化产品的部件设计参数、光伏组件安装参数、光伏电池技术参数等分级的参数数据库。在气候环境之外，建筑安装面积、电池的性能参数、最佳安装角度、逆变器效率，在产品设计逐渐走向透明化、标准化的今天，均可以列入标准化设计。

对于学校建筑的规划设计，有一些是建筑规范或经验数据，结合校园使用及周期性规律，提取标准性设计参数。从宏观的规划设计角度，包括校园建筑用地规模、校舍建筑面积参考指标、室外场地配置、设置参数等，也有标准数据和参数；从微观的建筑设计角度，有不同的视线、采光、防火等间距要求，强制性的布局、朝向、层高、窗墙比等参数要求，体形系数、采暖和制冷标准以及屋顶、外墙、门窗保温及导热系数，为建筑的单体能耗提供了标准的设计参数；在校园建筑的能耗需求中，按照全年规律性的作息习惯及寒暑假，用户在建筑中的时间也是固定的。如建筑冷、热、电、气等能源的逐时负荷变化，可参照同地区同属性的学校建筑进行单位面积估算。

再者，对于校园综合体的形态控制参数。调研国内外 50 所重点高校的 69 座校园综合体的影像资料，进行综合体形态的层数、面积、长宽等数据分析比较，归纳出系列化的综合体形态的设计方法，结合居住区步行"五分钟、十分钟、十五分钟"的三个层面的分级尺度控制（《城市居住区规划设计标准》GB 50180—2018），获得综合体的主要建筑均为 5 层，食堂为 2~3 层；联系紧密的办公（科研）与教学、教学与宿舍（及食堂）之间均小于 350m，整个生活区在半径 350m 以内（步行五分钟范畴）；综合体标准层面积在 1.5~2.0 万 m^2；校园建筑间距符合日照时间、建筑防火等设计规范；综合体周边配置标准的体育田径场及各类球场，实现"生态景观＋综合体组团"的绿色校园规划理念（图 7-12）。

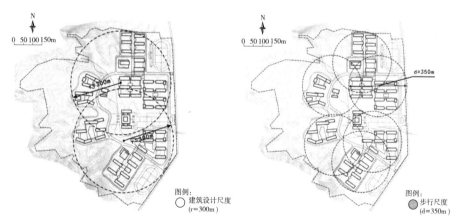

图 7-12　校园规划建筑设计组团尺度、步行尺度分析

7.3.5　综合体特色的新校园规划设计优点

孔子曰："智者乐水，仁者乐山。"按照建筑组合化、系列化、标准化的模块化设计方法，实现以综合体为特色的校园低能耗规划设计，可以尽量减少对寒冷地区山地生态环境的破坏，形成整体统一规划、分期建设的新校园设计

方案。基于低能耗约束的模块化规划设计过程，有以下设计优点：

首先，现代大尺度校园"高容、低密"的规划设计理念（图7–13）。综合体设计为4~6层的建筑组团，建筑间距符合日照要求，属于高密度的综合体建筑群。校园结合曲折起伏的山地形态，以自由式并格规划道路，规划建筑布局严谨而不失灵活。整个校园及组团均设有主、次环路，交通快捷方便，实现了集约型生态校园的总体规划设计。

其次，以不同的综合体方案组合设计，实现低能耗的建筑和优美的校园环境。整体型方案A与局部型方案B的结合，实现了以图书馆为校园轴线，以宿舍环抱的最优配比建筑组团（综合体A、综合体B）规划布局，各建筑群之间有开阔的大规模生态植被及水域，校园南、北区的综合体附近布置体育活动设施，形成了明确合理的动、静分区，以大生态环境烘托校园的标志性建筑，以曲曲折折的园林道路贯穿组团式布局，营造宜人的生态环境。

再者，在设计前期阶段，以综合体的形态控制、表皮空间、配套环境、最佳配比等因素约束的低能耗设计方法，构建校园全程化低能耗设计的基础。校园建筑主要的形态组成、屋顶空间、配套环境、建筑配比等因素具有了功能和能耗的双重设计约束，成为设计前期的低能耗设计因素。校园综合体结合外围护表皮节能、新能源注入、内部负荷优化等优化处理，形成低能耗的校园建筑或规划设计。

最后，以校园步行五分钟的基本生活圈，构建综合体的功能组成和规模。建筑综合体内联系性强的功能、附加组团、共享食堂等功能模块，都应该设置在步行五分钟的生活圈以内。同时设置建筑之间的连廊，减少寒冷地区气候变化对校园生活的影响，形成高效便捷的教学空间和舒适的生活空间。

总之，"大学是属于我们的时代，在新校园内，我们有条件把它建成20世纪最美的环境，既协调统一，又有秩序"（小沙里宁）。石家庄某大学新校园，从建筑规划和建筑设计两个层面入手，进行"多因

图 7–13　校园规划的建筑功能布局示意

素约束"的低能耗建筑设计，以模块化的规划设计方法，结合太行山区山地生态环境，进行校园综合体建筑的低能耗优化设计，形成寒冷地区校园规划的低能耗综合体设计应用（图 7-14）。

图 7-14　石家庄某大学新校区建筑规划设计方案

第 8 章

结论及展望

结论
展望

本书在模块化的设计理论下，对寒冷地区校园综合体进行低能耗设计研究。针对寒冷地区校园综合体的设计现状，在第3章耦合因素敏感性层级关系下提出设计前期阶段的低能耗约束框架，然后利用第4章综合体的模块化设计方法，结合第5章、第6章多因素的低能耗约束条件，实现第7章科学量化的校园设计应用，为校园规划的低能耗建设过程打下良好的设计基础。

从我国校园规划中的能耗优化设计过程来看，完善建筑规划设计方法以及挖掘节能潜力，都是非常重要的问题。一方面，校园建筑群的能源优化不仅可以降低能耗，还可以提高校园空间舒适度和生活质量，建设绿色宜人的校园环境；另一方面，校园规划前期的低能耗约束是整个绿色校园建筑设计和运行管理阶段的节能基础，对设计后期的能源高效利用有着至关重要的作用。

模块化的建筑设计方法，在为校园规划项目提供科学量化设计分析的同时，提供了一种"功能＋能源"多约束多目标的设计模式，方便校园设计师进行寒冷地区校园低能耗、高舒适的快速规划设计。

8.1 结论

（1）随着寒冷地区校园建设和节能的快速发展，缺少全面同步的科学设计

首先，寒冷地区新校园有规模大型化、建筑综合化发展趋势。随着高校规模扩大和人们对高效率、高舒适度学习环境的追求，当下新校区的建设，从里坊式、行列式布局向着大型、超大型校园的组团化、多元化、综合化发展。其次，校园建筑节能缺乏同步的科学设计。校园设计缺少互补性的建筑能源设计作为建筑前期阶段的约束性规划条件。新能源利用则多是"见缝插针"，在建筑设计后期属于因地制宜的开采利用。总之，加强校园规划前期建筑节能的多方面设计介入，可以为设计后期、运行管理阶段的建筑低能耗工作提供良好的设计基础。

（2）提取校园综合体与能源设计的耦合因素，进行低能耗因子敏感性分析

本书针对新校园建设过程中低能耗设计因素进行分析，归纳出25个重要的设计影响因素，构建以建筑规划、能源设计、运行管理类专家为主的问卷数据分析平台，以R语言程序进行重要性、相关性、聚类性等设计因素的敏感性分析，获得分层分级的影响因素结果，发现各组专家均关注项目后期建筑设计阶段的因素，同时，能源设计专家还对能源资源条件、气候条件、能源利用

状况等前期阶段进行持续性关注，这对于低能耗建筑设计来说值得注意。面对校园用户对舒适化空间的追求，以及现代校园建筑规划设计的低能耗要求，本书提出建立以能耗因素作为校园规划、设计的约束性条件，进行全面系统的设计考虑。

（3）以模块化设计模式，构建寒冷地区校园综合体的低能耗设计方法体系

在低能耗设计影响因素敏感性分析的基础上，归纳校园建筑、低能耗设计的模块化特征，对校园综合体低能耗问题进行模块化解构和重构分析。其次，按照国家及地方各类校园建筑及节能设计规范、评价标准以及天津大学津南校区的建筑能源规划案例进行相关设计数据和方法提取，形成部件、组件、元件等设计参数的分级数据库，用来提供标准化的设计参数。同时，结合传统校园建筑形态演化、能源利用现状调研及校园建筑标准化的参数数据库，形成模块化的参数标准化、组件组合化、部件系列化的建筑设计方法体系，为校园综合体的低能耗设计，提供初步的框架性研究方法体系。

（4）多因素约束下的校园综合体低能耗模块化设计路径及应用

这一部分主要是第 5 章、第 6 章的内容。将校园综合体分解为模块化的典型建筑（单体形式），进行分步骤计算以及不同情景对比校核，提出寒冷地区校园综合体的低能耗模块设计方法及规划路径。具体如下：

在建筑综合体的形态约束下，在典型建筑的自身节能参数设定、互补性的单体组合选择以及综合体形态的规模控制等方面，调研分析国内 50 所高校校园的 69 座综合体数据，结合交通规划数据得出综合体建筑具有功能混合、4~6 层、长度 ≤ 350m（五分钟边界）、标准层面积 1.5 万 m^2 左右等设计特征，初步提出了互补组合和规模控制等低能耗约束的综合体建筑形态设计方法。

在建筑表皮和配套环境等约束下，结合成熟的可持续能源产出和设备安装空间问题，提出建筑形态空间、环境与能源约束的耦合设计方法。即利用新能源产出预测和空间置换问题，评估建筑设计面积与建筑表皮面积、太阳能收集空间与能源需求空间的耦合关系（100m^2 屋顶每天产能 47.28kWh 当量）；针对建筑配套空间环境与可地热产能的空间，得出地热能源收集与建筑能源需求的供需耦合关系（一标准田径场可制冷 7116kW、制热 5148kW 当量）。综合两者形成建筑表皮和配套环境约束下的校园综合体建筑低能耗设计方法。

在建筑负荷的约束下，将校园综合体单体建筑的设计参数输入 DeST-c 模拟软件中，获得全年逐时负荷模拟，再将各类型校园建筑的负荷扩展到校园

建筑群逐时负荷，进行建筑群负荷平准模型优化，利用 MatLab 求解，得到综合体最优配比 $\beta_1:\beta_2:\beta_3:\beta_4:\beta_5$=0.50：0.12：0.10：0.08：0.20（整体型方案 A），以及 0.54：0.14：0：0.10：0.22（局部型方案 B），0.52：0.13：0.11：0：0.24（局部型方案 C）。其次，将整体型最优配比（情景 A）和国家校园标准配比（情景 B）$\beta_1:\beta_2:\beta_3:\beta_4:\beta_5$=0.40：0.11：0.06：0.05：0.38，在不同不满足率情景下进行校园建筑群负荷的日平准化负荷和逐时负荷对比，进行校园最佳建筑配比校核。

最后，针对综合体建筑最优配比和国家校园校舍标准配比的不一致问题，构建多条件约束下的校园建筑低能耗设计路径。以新校区规划为设计应用，对整体型和局部型综合体方案的规模控制、配套环境空间耦合及新能源置换、建筑最优配比等设计，进行多条件约束下建筑低能耗设计路径分析。形成"最优综合体＋次优综合体""生态景观＋综合体"等多种校园规划的并行模式。从建筑设计、规划设计的层面，进一步提出寒冷地区校园综合体规划的低能耗模块化设计路径，为校园决策者和设计师提供了多角度多模式的数据参考。

总之，本项目有以下三个创新点：

（1）在校园大型化、绿色化的建设背景下，提取了新校园建筑和能耗设计相关的多重因素及其耦合关系，构建了多因素多目的的敏感性因素层级框架，为"高容、低密、低能耗"的寒冷地区校园规划提供了设计新思路。

（2）以模块化设计的视角，通过分析校园建筑与用能发展的模块化特征，建立了分级的设计参数数据库，提出了基于综合体模式的寒冷地区校园建筑低能耗设计研究方法，补充和完善了现有校园规划的低能耗设计理论。

（3）从校园综合体外在形态和内部负荷入手，针对建筑形态与能耗的耦合机制，进一步提出了设计前期阶段综合体形态的初步控制、供需空间置换和最优配比等多因素多目标的约束性设计路径，实现了校园综合体低能耗的全程化设计应用。

8.2 展望

寒冷地区校园建筑群的低能耗优化是很多因素约束下的运算结果。项目以模块化研究石家庄地区的校园综合体建筑低能耗设计，限于研究篇幅及个人研究能力，仍有一些问题没有完整性展开论述，需要后续的深入研究。

（1）项目将校园综合体建筑群划分成五类典型建筑，相对于分两类（居住建筑和公共建筑）更加详细，但是不同功能的建筑和人群的用能特征还是有一些区别的，需要更为深入地进行能耗模拟和优化研究。

（2）校园综合体以多栋组合及加连廊或首层平台的规划设计模式，而连廊或小型的建筑部分用电及其他能耗，未考虑能耗范畴，有待后续进一步研究。

（3）研究校园建筑单体的原形构建，以石家庄地区的抗震烈度要求，并结合建筑、结构规范，以及调研天津大学、华北理工大学等部分北方新校园规划，构建模拟计算的单体原形设计，需要再次优化和完善。

（4）项目在综合体建筑负荷的互补优化上，因为篇幅原因，仅选取了整体型方案 A（五种建筑组成）和局部型方案 B/ 方案 C（四种建筑组成），同时，在新校区案例应用上也只对 A+B 方案组合进行了应用和比对，也是一种研究的局限。

（5）研究设定的气候条件为石家庄市，本书的校园研究方法也适用于其他寒冷地区的校园。不同气候下的校园会有不同的规律变化，对于全国不同气候条件还有待继续深入研究。

附录：

附录 A

寒冷、严寒地区部分校园的综合体数据统计

学校及建筑名称及标号	建筑属性	标准层面积（㎡）	建筑层数	建筑朝向	建筑短边（m）	建筑长边（m）	长宽比系数	影像信息	信息来源
1. 河北医科大学主教学楼	教学、科研、文化	6160	15	南	65	120	1.85		Google 地图
2. 北京林业大学主楼	办公、教学	4880	3	南	58	144	2.48		百度地图
3. 清华大学中央主楼	办公、教学、科研	16350	10	南	173	400	2.31		百度地图
4. 北京交通大学9号教学楼	教学、办公	4720	6	南偏东15°	62	108	1.74		Google 地图
5. 北京建筑大学基础教学楼AC座	教学、办公	13000	5	南	103	198	1.92		百度地图
6. 河北工业大学新校区主教学楼	图书、教学	16600	5	南偏东30°	92	328	3.57		百度地图
7. 北京航空航天大学新主教学楼	办公、科研、教学	20900	11	南	180	221	1.23		百度地图
8. 河北师范大学公共教学楼	教学、办公	16360	4	南	92	300	3.26		百度地图

续表

学校及建筑名称及标号	建筑属性	标准层面积（m²）	建筑层数	建筑朝向	建筑短边（m）	建筑长边（m）	长宽比系数	影像信息	信息来源
9. 河北师范大学理科群楼	办公、教学、科研	56000	5	南	240	302	1.26		百度地图
10. 天津大学26号教学楼	教学、办公、科研	13240	6	南	77	326	4.23		百度地图
11. 南开大学津南校区实验楼	教学、科研	12450	5	西偏北10°	122	226	1.85		Google 地图
12. 南开大学第二教学主楼	教学、科研、办公	7720	6	南偏东10°	51	211	4.14		Google 地图
13. 沈阳建筑大学群楼	教学、办公、科研、图书等	31000	5	东偏南30°	344	491	1.43		百度地图
14. 大连理工大学综合教学楼	教学、办公、科研	5670	6	南	90	123	1.37		百度地图
15. 大连理工大学主楼	办公、科研、教学	3900	6	南	87	174	2.00		百度地图
16. 吉林大学鼎新楼	办公、文化、图书	15420	10	南偏东45°	134	260	1.94		Google 地图
17. 吉林大学唐敖庆楼	科研、办公、教学	18340	9	南	130	306	2.35		百度地图
18. 哈尔滨工业大学二校区主楼	办公、科研、教学	10070	10	南偏东10°	111	184	1.66		百度地图

续表

学校及建筑名称及标号	建筑属性	标准层面积（m²）	建筑层数	建筑朝向	建筑短边（m）	建筑长边（m）	长宽比系数	影像信息	信息来源
19. 哈尔滨工程大学61号楼	教学、科研等	19600	7	南偏东15°	161	189	1.17		百度地图
20. 西安建筑科技大学教学大楼	教学、科研等	3900	10	南	60	108	1.80		Google 地图
21. 西安建筑科技大学东校区2号教学楼	办公、教学等	6480	2	南	33	270	8.18		百度地图
22. 中央美术学院南区教学楼	教学、科研、办公	7600	4	东偏南5°	136	141	1.04		百度地图
23. 中国人民大学图书馆	办公、图书、文化	14430	5	南偏东10°	104	200	1.92		百度地图
24. 中国农业大学第三教学楼	教学、办公、科研	7580	6	南偏东5°	89	142	1.60		百度地图
25. 北京理工大学良乡北校区综合教学楼	教学、办公等	5230	5	南	59	150	2.54		百度地图
26. 北京理工大学良乡南校区理学楼	科研、教学、办公	4600	4	东	65	106	1.63		百度地图
27. 华北电力大学东校区主楼（北京）	教学、办公、科研、文化	26530	14	南偏西60°	132	427	3.23		百度地图
28. 北京科技大学主楼	教学、科研、办公	4060	6	西	61	137	2.25		百度地图

续表

学校及建筑名称及标号	建筑属性	标准层面积（m²）	建筑层数	建筑朝向	建筑短边（m）	建筑长边（m）	长宽比系数	影像信息	信息来源
29. 中国政法大学综合科研楼	办公、科研、居住	3350	10	南偏东5°	36	125	3.47		百度地图
30. 对外经济贸易大学虹远楼	居住	8940	10	东	102	175	1.72		百度地图
31. 北京化工大学教学主楼	教学、办公、科研	5300	6	南	53	251	4.74		百度地图
32. 中国石油大学北京分部实验办公综合楼	科研、教学、办公	8030	14	南	101	133	1.32		百度地图
33. 中国石油大学北京分部化工楼	教学、科研、办公	4120	7	南偏东45°	101	108	1.07		百度地图
34. 西安交通大学曲江校区环境变化研究所	教学、科研	5420	6	南偏东30°	29	187	6.45		百度地图
35. 西安交通大学东门科技楼	教学、科研	6000	4	南	62	206	3.32		Google 地图
36. 西北工业大学长安校区教学西楼	教学、科研	16100	4	南	212	233	1.10		Google 地图
37. 西北工业大学长安校区教学东楼	教学、科研、办公	7600	5	南偏西5°	143	159	1.11		Google 地图
38. 燕山大学西校区里仁教学楼	教学、办公	12540	5	南	82	248	3.02		百度地图

续表

学校及建筑名称及标号	建筑属性	标准层面积（m²）	建筑层数	建筑朝向	建筑短边（m）	建筑长边（m）	长宽比系数	影像信息	信息来源
39.燕山大学西教学楼	教学、办公	6000	4	南	86	244	2.84		百度地图
40.天津工业大学电子学院与机械学院	教学、科研、办公	11400	4	南	113	178	1.58		Google地图
41.天津工业大学第二公共教学楼	教学、科研、居住	10500	4	南	146	167	1.14		Google地图
42.太原理工大学迎西校区办公楼	教学、办公	5200	6	南	51	246	4.82		Google地图
43.太原理工大学迎西校区博学馆	办公、科研、教学	7100	9	南	80	160	2.00		百度地图
44.延边大学西部教学楼	教学、办公	13000	5	南	90	274	3.04		百度地图
45.西安电子科技大学教学综合体	教学、办公	10050	6	南偏西30°	136	287	2.11		百度地图
46.郑州大学新校区二级学院群楼	教学、办公、科研	13000	5	南	130	230	1.77		Google地图
47.郑州大学新校区核心教学区南区	教学、科研	15000	5	南	201	285	1.42		Google地图
48.河北科技大学公教楼	教学、办公	14300	6	南	143	260	1.82		百度地图

续表

学校及建筑名称及标号	建筑属性	标准层面积（m²）	建筑层数	建筑朝向	建筑短边（m）	建筑长边（m）	长宽比系数	影像信息	信息来源
49. 河北经贸大学第三教学楼	教学、办公	10500	5	南偏东10°	61	167	2.74		Google 地图
50. 河北工程大学教学群楼	教学、办公	11000	5	东偏南10°	132	223	1.69		百度地图
51. 山东建筑大学图书馆与信息楼	教学、办公、图书	10400	4	东偏北15°	84	253	3.01		百度地图
52. 山东大学中心校区知新楼	教学、办公、文化	12150	28	南	82	255	3.11		百度地图
53. 大连海事大学综合楼与远航楼	办公、科研、教学	13330	10	南	146	241	1.65		百度地图
54. 天津城建大学综合群楼	教学、办公、图书	16800	12	南	86	286	3.33		百度地图
55. 河南大学金明校区综合教学楼	教学、办公	12250	5	南	98	166	1.69		百度地图
56. 河北大学新校区美术馆	教学、文化	7700	5	南偏西10°	71	164	2.31		百度地图
57. 河北大学新校区工商学院教学楼	教学、科研、办公	6500	6	南偏西10°	98	120	1.22		百度地图
58. 河北农业大学新校区现代科技学院	教学、科研、办公	6400	6	南	104	122	1.17		百度地图

续表

学校及建筑名称及标号	建筑属性	标准层面积（m²）	建筑层数	建筑朝向	建筑短边（m）	建筑长边（m）	长宽比系数	影像信息	信息来源
59. 华北电力大学（一校区）电力学院楼	教学、科研、办公	7100	5	南偏西20°	100	204	2.04		Google 地图
60. 内蒙古大学南校区艺术楼	教学、科研、办公	17000	4	南偏东20°	140	208	1.49		百度地图
61. 内蒙古科技大学化学与化工学院楼	教学、科研	8700	5	南	60	190	3.17		Google 地图
62. 内蒙古科技大学图书馆	科研、办公	8200	5	南	60	174	2.90		Google 地图
63. 内蒙古工业大学	教学、科研、办公	5500	5	南偏东20°	44	227	5.16		Google 地图
64. 中国海洋大学崂山校区教学群	教学、科研、办公	20200	5	南	128	280	2.19		百度地图
65. 中国石油大学工科楼	教学、科研、办公	15000	6	南偏东30°	80	344	4.30		Google 地图
66. 山西大学学院群楼	教学、办公	10000	4	南	88	234	2.66		百度地图
67. 山西师范大学图书馆	教学、科研、办公	5400	7	南偏西20°	70	126	1.80		百度地图
68. 兰州大学勤博楼	教学、办公、科研	3500	4	南偏西15°	64	144	2.25		百度地图
69. 新疆大学南校区1号教学公共楼	教学、办公	11400	6	南	84	289	3.44		百度地图

附录 B

关于寒冷地区绿色校园建筑
低能耗设计影响因素的函询问卷

(* 评分选择 10 分制，分值范围为 0-9 分，分数高低代表影响程度高低。请在相应分
值下打√。)

项目阶段		影响因素	至关重要		比较重要		一般重要		不太重要		微小影响	
			9	8	7	6	5	4	3	2	1	0
项目建议书阶段	1	能源资源条件										
	2	气候状况										
	3	经济状况										
校园项目可行性研究阶段	4	规划范围与人口										
	5	分期建设情况										
	6	环境保护要求										
	7	能源利用状况										
校园总体建筑规划设计阶段	8	总体建筑布局										
	9	绿地景观布局										
	10	建筑密度分布										
	11	建筑功能混合度										
	12	建筑服务半径										
	13	建筑组合与朝向										
	14	建筑平面空间										
	15	地下空间利用										
建筑初步设计阶段	16	建筑体形系数										
	17	窗墙比										
	18	采光与遮阳设计										
	19	自然通风										

续表

项目阶段		影响因素	至关重要		比较重要		一般重要		不太重要		微小影响	
			9	8	7	6	5	4	3	2	1	0
建筑施工图设计阶段	20	外围护结构保温与隔热										
	21	节能设计标准										
	22	增量成本										
	23	建筑照明设计										
	24	采暖（制冷）系统形式										
	25	室内计算参数设定										
专家信息（填数字）		工作单位（1.科研设计类；2.运行管理类）	专业（1.建筑规划；2.暖通或能源设备；3.项目管理）					所在职业工作时间（年）					

专家意见：

补充要素：

调研设计影响因素注释：

[1] 能源资源条件：在当前经济条件下为人类提供大量能量的物质和自然过程，包括煤炭、石油、天然气、风、河流、草木燃料及太阳辐射等。

[2] 气候状况：指不同区域的气温、降水、风力、日照等气候变化。

[3] 经济状况：全年的个人、家庭经济平均收入或生活消费支出、储备情况。

[4] 规划范围与人口：根据国家要求和单位需求的容量规划和建设范围。

[5] 分期建设情况：根据校园资金和规划需要，分批分期建设建筑和配套设施，但每次建设都是可以独立运转的整体。

[6] 环境保护要求：根据环境保护要求，尽量减少对自然植被及生物环境的污染和破坏。

[7] 能源利用状况：对于太阳能、风能、水能、地热等资源的开发利用。

[8] 总体建筑布局：指建筑平面、高度、体量的组合和布局。

[9] 绿地景观布局：分为带状、块状或混合的植被布置形式。

[10] 建筑密度分布：指项目用地范围内所有建筑的基底面积与规划用地面积之比，反映出一定用地范围内的空地率和建筑密集程度。

[11] 建筑功能混合度：指一定区域的建筑群或综合体内部不同建筑功能的面积比例关系。

[12] 建筑服务半径：指到达建筑群或综合体内的某一功能或配套设施的距离。

[13] 建筑组合与朝向：指不同建筑的围合形态与朝向，直接影响冬季室内的热损耗及夏季室内的自然通风。

[14] 建筑平面空间：建筑平面分走道式、套间式、大厅式、单元式等空间组合模式。

[15] 地下空间利用：地下冬暖夏凉，可用于生活、生产、交通、防灾和环境保护等方面的开发和利用。

[16] 建筑体形系数：建筑体积与建筑与室外空气接触表面面积的比值。

[17] 窗墙比：四个方向，实际窗户面积与开间、层高围合面积的比值。

[18] 采光与遮阳设计：有、无或直接、间接形式的采光遮阳形式与能耗关系。

[19] 自然通风：换新风或自然换气。

[20] 外围护结构保温与隔热：围护结构的保温材料、保温级别及隔热设施的改变与校园建筑能耗的关系。

[21] 节能设计标准：指国家及地方的公共建筑或居住建筑节能设计节能规范。

[22] 增量成本：通过改变建筑的能耗技术或设施情况而增加的经济成本。

[23] 建筑照明设计：不同的建筑照明或设备对建筑能耗改变的影响。

[24] 采暖（制冷）系统形式：不同的供暖末端、设备及制冷末端、设备、形式与建筑能耗的关系。

[25] 室内计算参数设定：符合现行设计规范和标准的参数设定，对建筑能耗的影响程度。

附录 C

灯光作息规律

照明开关时间表（%）											
时刻	1	2	3	4	5	6	7	8	9	10	11	12
办公楼	1	1	1	1	1	1	10	31	98	100	100	32
时刻	13	14	15	16	17	18	19	20	21	22	23	24
办公楼	92	97	99	97	41	45	58	55	41	22	9	1
时刻	1	2	3	4	5	6	7	8	9	10	11	12
宿舍	0	0	0	0	0	0	49	36	24	20	20	35
时刻	13	14	15	16	17	18	19	20	21	22	23	24
宿舍	65	19	18	14	22	69	36	42	50	84	97	0
时刻	1	2	3	4	5	6	7	8	9	10	11	12
教室	0	0	0	0	0	0	7	61	100	99	99	5
时刻	13	14	15	16	17	18	19	20	21	22	23	24
教室	11	88	90	98	36	9	18	6	3	1	0	0
时刻	1	2	3	4	5	6	7	8	9	10	11	12
食堂	0	0	2	2	2	4	81	46	12	3	16	100
时刻	13	14	15	16	17	18	19	20	21	22	23	24
食堂	31	2	2	2	89	51	11	3	0	0	0	0
时刻	1	2	3	4	5	6	7	8	9	10	11	12
图书馆	0	0	0	0	0	0	9	13	53	75	69	25
时刻	13	14	15	16	17	18	19	20	21	22	23	24
图书馆	42	63	89	76	27	51	100	76	78	14	0	0

附录 D
设备作息规律

电器设备逐时使用率（%）											
时刻	1	2	3	4	5	6	7	8	9	10	11	12
办公楼	1	1	1	1	1	1	10	31	98	100	100	32
时刻	13	14	15	16	17	18	19	20	21	22	23	24
办公楼	92	97	99	97	41	45	58	55	41	22	9	1
时刻	1	2	3	4	5	6	7	8	9	10	11	12
宿舍	0	0	0	0	0	0	49	36	24	20	20	35
时刻	13	14	15	16	17	18	19	20	21	22	23	24
宿舍	65	19	18	14	22	69	36	42	50	84	97	0
时刻	1	2	3	4	5	6	7	8	9	10	11	12
教室	0	0	0	0	0	0	7	61	100	99	99	5
时刻	13	14	15	16	17	18	19	20	21	22	23	24
教室	11	88	90	98	36	9	18	6	3	1	0	0
时刻	1	2	3	4	5	6	7	8	9	10	11	12
食堂	0	0	2	2	2	4	81	46	12	3	16	100
时刻	13	14	15	16	17	18	19	20	21	22	23	24
食堂	31	2	2	2	89	51	11	3	0	0	0	0
时刻	1	2	3	4	5	6	7	8	9	10	11	12
图书馆	0	0	0	0	0	0	9	13	53	75	69	25
时刻	13	14	15	16	17	18	19	20	21	22	23	24
图书馆	42	63	89	76	27	51	100	76	78	14	0	0

附录 E

人员逐时在室率

房间人员逐时在室率（%）											
时刻	1	2	3	4	5	6	7	8	9	10	11	12
办公楼	1	1	1	1	1	1	10	31	98	100	100	32
时刻	13	14	15	16	17	18	19	20	21	22	23	24
办公楼	92	97	99	97	41	45	58	55	41	22	9	1
时刻	1	2	3	4	5	6	7	8	9	10	11	12
宿舍	0	0	0	0	0	0	49	36	24	20	20	35
时刻	13	14	15	16	17	18	19	20	21	22	23	24
宿舍	65	19	18	14	22	69	36	42	50	84	97	0
时刻	1	2	3	4	5	6	7	8	9	10	11	12
教室	0	0	0	0	0	0	7	61	100	99	99	5
时刻	13	14	15	16	17	18	19	20	21	22	23	24
教室	11	88	90	98	36	9	18	6	3	1	0	0
时刻	1	2	3	4	5	6	7	8	9	10	11	12
食堂	0	0	2	2	2	4	81	46	12	3	16	100
时刻	13	14	15	16	17	18	19	20	21	22	23	24
食堂	31	2	2	2	89	51	11	3	0	0	0	0
时刻	1	2	3	4	5	6	7	8	9	10	11	12
图书馆	0	0	0	0	0	0	9	13	53	75	69	25
时刻	13	14	15	16	17	18	19	20	21	22	23	24
图书馆	42	63	89	76	27	51	100	76	78	14	0	0

附录 F

Matlab 程序

```
clc;
clear;
L_c=xlsread（'load.xlsx'，'cooling'）;
L_h=xlsread（'load.xlsx'，'heating'）;
L_e=xlsread（'load.xlsx'，'electricity'）;
beta_1=0：0.05：1；k=1；S0=100000000;
while k<22
    beta_2=0.1;
  while beta_2<1-beta_1（k）+0.05
      beta_3=0.1;
    while beta_3<1-beta_1（k）-beta_2+0.05
        beta_4=0.1;
      while beta_4<1-beta_1（k）-beta_2-beta_3+0.05
          beta_5=1-beta_1（k）-beta_2-beta_3-beta_4;
          beta=[beta_1（k）; beta_2; beta_3; beta_4; beta_5];
          L_total_c=1.1*L_c*beta;
          L_total_h=0.77*L_h*beta;
          L_total_e=1.1*L_e*beta;
          S_c=std（L_total_c，1，1）;
          S_h=std（L_total_h，1，1）;
          S_e=std（L_total_e，1，1）;
          S=S_c+S_h+S_e;
          if S<S0
```

```
          S0=S；S0_c=S_c；S0_h=S_h；S0_e=S_e；beta0=beta；
        end
        beta_4=beta_4+0.05；
      end
      beta_3=beta_3+0.05；
    end
    beta_2=beta_2+0.05；
  end
  k=k+1；
end
disp（'最优配比为'）；disp（beta0）；
```

参考文献

[1] 清华大学建筑节能研究中心.中国建筑节能年度发展研究报告（2013）[M].北京：中国建筑工业出版社，2013：294.

[2] 中共中央 国务院关于支持河北雄安新区全面深化改革和扩大开放的指导意见 [N].人民日报，2019-01-25（1）.

[3] 陈晓恬.中国大学校园形态演变 [D].上海：同济大学，2008.

[4] 张旭栋，刘沙沙.民用建筑项目节能评估要点分析 [J].建筑节能，2014（4）：81-84.

[5] 王彤，杨鹏.城市商业与文化综合体节能分析 [J].建筑节能，2013（11）：57-61.

[6] XU X Q，CULLIGAN PJ，TAYLOR JE. Energy Saving Alignment Strategy：Achieving energy efficiency in urban buildings by matching occupant temperature preferences with a building's indoor thermal environment[J]. Applied Energy，2014，123：209-219.

[7] 谭洪卫.高校校园建筑节能监管体系建设 [J].建设科技，2010（2）：15-19.

[8] 崔愷，于海为，柴培根.校园综合体——北京工业大学第四教学楼组团设计 [J].建筑学报，2015（11）：68-69.

[9] 张家明.基于满意度评价下大学校园学生生活区集约化设计初探 [D].广州：华南理工大学，2015.

[10] 梁爽.城市中的高密度大学校园设计研究 [D].北京：北京建筑大学，2015.

[11] 张如意，王丽.浅析校园文化建筑综合体设计 [J].建材与装饰，2018（15）：59-60.

[12] 高洪波.综合体式大学校园设计研究 [D].天津：天津大学，2011.

[13] 张毅杰.高校大学生活动中心综合体空间设计策略研究 [D].南昌：南昌航空大学，2017.

[14] 梅洪元，王飞，张玉良.低能耗目标下的寒地建筑形态适寒设计研究 [J].建筑学报，2013（11）：88-93.

[15] 刘刚，薛一冰，房涛.被动式低能耗建筑供暖通风节能设计分析与探讨——以山东建筑大学教学实验综合楼为例 [J].墙材革新与建筑节能，2018（1）：57-59.

[16] 徐伟，孙德宇.中国被动式超低能耗建筑能耗指标研究 [J].动感（生态城市与绿色建筑），2015（1）：37-41.

[17] 宋琪.被动式建筑设计基础理论与方法研究 [D].西安：西安建筑科技大学，2015.

[18] 杨柳，杨晶晶，宋冰，等.被动式超低能耗建筑设计基础与应用 [J].科学通报，2015，60（18）：1698-1710.

[19] 任楠楠，孙境泽.严寒地区超低能耗建筑节能运行管理策略研究 [J].低碳世界，2017（34）：209-210.

[20] 李峥嵘，蒿玉辉，赵群，等.夏热冬冷地区超低能耗建筑热工优化设计及负荷分析 [J].建筑科学，2017，33（12）：182-187.

[21] 房涛.天津地区零能耗住宅设计研究 [D].天津：天津大学，2012.

[22] 曲磊，柏云.被动式超低能耗绿色建筑节能系统与技术应用分析——以济南市某公建项目为例 [J].建筑节能，2018，46（3）：31-39.

[23] 彭梦月.欧洲超低能耗建筑和被动房的标准、技术及实践 [J].建设科技，2011（5）：41-47.

[24] 黄春成.基于软件模拟的超低能耗建筑能耗状况研究 [D].乌鲁木齐：新疆大学，2013.

[25] 王学宛，张时聪，徐伟，等.超低能耗建筑设计方法与典型案例研究 [J].建筑科学，2016，32（4）：44-53.

[26] 韩小霞，韦古强，胡丛川，等.超低能耗被动式建筑设计方法探讨 [J].建设科技，2016（5）：49-51.

[27] 梁亮，高力强，谷玉荣.微气候因素下的校园综合体节能设计探讨——以石家庄铁道大学基础教学楼为例 [J].石家庄铁道大学学报（自然科学版），2018，31（2）：65-69.

[28] 部科学技术司.第三届国际智能、绿色建筑与建筑节能大会文集 [C].北京：中国建筑工业出版社，2007：617-627.

[29] 施建军.以绿色大学理念创建低碳校园 [J].中国高等教育，2010（12）：21-22.

[30] 姚争，冯长春，阚俊杰.基于生态足迹理论的低碳校园研究——以北京大学生态足迹为例 [J].资源科学，2011，33（6）：1163-1170.

[31] 陈晨，袁小宜，王毅立.绿色低碳在人文校园建筑中的低成本实践——深圳市丽湖中学 [J].新建筑，2013（4）：64-68.

[32] 郭茹，田英汉.低碳导向的校园能源碳核算方法及应用 [J].同济大学学报（自然科学版），2015，43（9）：1361-1366.

[33] 慕昆朋.寒地高校校园建筑低碳化设计策略研究 [D].哈尔滨：哈尔滨工业大学，2011.

[34] 段文博.辽宁地区高校教学楼的低能耗技术设计策略研究 [D].沈阳：沈阳建筑大学，2013.

[35] 赵丽君.以低能耗为视角的北方寒冷地区高校建筑设计策略分析 [D].大连：大连理工大学，2016.

[36] 高卫国，徐燕申，陈永亮，等.广义模块化设计原理及方法 [J].机械工程学报，2007，43（6）：48–54.

[37] 侯亮，唐任仲，徐燕申.产品模块化设计理论、技术与应用研究进展 [J].机械工程学报，2004，40（1）：56–61.

[38] 夏明忠，夏以轩，李兵元.软件模块化设计和模块化管理 [J].中国信息界，2012（11）：56–59.

[39] 张卫，丁金福，纪杨建，等.工业大数据环境下的智能服务模块化设计 [J].中国机械工程，2019，30（2）：167–173，182.

[40] 余庆军，潘思明，常亚楠.浅谈工程建设模块化施工 [J].中国高新技术企业，2010（18）：129–131.

[41] 张德海，陈娜，韩进宇.基于 BIM 的模块化设计方法在装配式建筑中的应用 [J].土木建筑工程信息技术，2014，6（6）：81–85.

[42] 张贤尧.绿色建筑技术体系模块化构建与评价研究 [D].武汉：武汉理工大学，2012.

[43] 俞大有，吴丹.建筑工业化模式下的学校设计 [J].中外建筑，2014（7）：123–127.

[44] 辛善超.基于模块化体系的建筑"设计—建造"研究 [D].天津：天津大学，2016.

[45] 李无言.产业化发展趋势下住宅模块化设计初探 [D].北京：中央美术学院，2015.

[46] 姜贵.大型医疗中心的模块化设计浅析 [D].南京：东南大学，2017.

[47] 陈思慧旼.基于模块化的湘西地区慈善中小学校设计研究 [D].长沙：湖南大学，2017.

[48] 龚强.厦门地区商业综合体建筑节能模块化设计研究 [D].天津：天津大学，2015.

[49] 王宁，葛一兵.超高层模块化建筑技术践行绿色建筑新常态 [J].建筑，2015（12）：6.

[50] 潘学强，严小霞，管龙，等.模块化建筑被动式节能技术设计与应用 [J].建筑节能，2016，（10）：72–74，82.

[51] 方一凯，段玮玮，陈咭扦.基于模块化的现代低碳建筑的探讨 [J].中国水运（下半月），2014，14（8）：387–388.

[52] 南天辰，李诗尧，赵泽华.重庆主城老旧居民区居家养老改造模块化绿色建筑方案 [J].

土木建筑与环境工程，2015，（S1）：106–112.

[53] 史国永. 绿色建筑技术体系模块化构建及应用 [J]. 建筑技术，2017，48（2）：180–182.

[54] 陈明. 浅析模块化建筑被动式节能技术的设计与应用 [J]. 民营科技，2018（12）：159.

[55] SARTORI I, HESTHES AG. Energy use in the life cycle of conventional and low–energy buildings: A review article[J]. Energy and Buildings，2007，39（3）：249–257.

[56] DONG Bing, ZHENG O'Neill, LUO Dong, et al. Development and calibration of an online energy model for campus buildings[J]. Energy and Buildings，2014，76：316–327.

[57] DENG S, DAI YJ, WANG RZ, et al. Case study of green energy system design for a multi–function building in campus[J]. Sustainable Cities and Society，2011（1）：152–163.

[58] PODDAR Sinchita, PARK Dong Yoon, CHANG Seongju. Simulation based analysis on the energy conservation effect of green wall installation for different building types in a campus[J]. Energy Procedia，2017，111：226–234.

[59] FADI C, AHMAD H, INARD C, et al. A new methodology for the design of low energy buildings[J]. Energy and Buildings，2009，41：982–990.

[60] SAILOR DJ. A green roof model for building energy simulation programs[J]. Energy and Buildings，2008，40：1466–1478.

[61] THEWES A, MASS S, SCHOLZEH F, et al. Field study on the energy consumption of school buildings in Luxembourg[J]. Energy and Buildings，2014，68：460–470.

[62] MIN HC, RHEE EK. Potential opportunities for energy conservation in existing buildings on university campus: A field survey in Korea[J]. Energy and Buildings，2014，78：176–182.

[63] BRAUN JE, CHATURVEDI N. An inverse gray–box model for transient building load prediction[J]. HVAC&R Research，2002，8（1）：73–99.

[64] HAWKINS D, HONG SM, RASLAN R, et al. Determinants of energy use in UK higher education buildings using statistical and artificial neural network methods[J]. International Journal of Sustainable Built Environment，2012，1：50–63.

[65] MOHAMMADI M, TALEBPOUR F, SAFAEE E, et al. Small–scale building load forecast based on hybrid forecast engine[J]. Neural Process Lett，2018，48：329–351.

[66] GUAN J, NORD N, CHEN S. Energy planning of university campus building complex: Energy usage and coincidental analysis of individual buildings with a case study[J]. Energy and Buildings，2016，124：99–111.

[67] 青木昌彦，安藤晴彦．模块时代：新产业结构的本质 [M].周国荣，译.上海：上海远东出版社，2003.

[68] 大卫·M·安德森，B·约瑟夫·派恩．21 世纪企业竞争前沿——大规模定制模式下的敏捷产品开发 [M].冯涓，等译.北京：机械工业出版社，1999.

[69] B·约瑟夫·派恩．大规模定制——企业竞争的新前沿 [M].操云甫，等译.北京：人民大学出版社，2000.

[70] 卡丽斯·鲍德温，金·克拉克．设计规则：模块化的力量 [M].张传良，等译.北京：中信出版社，2006.

[71] 普雷斯曼 RS.软件工程 [M].郭肇德，郑少仁，译.北京：国防工业出版社，1988.

[72] SHARAFI P，SAMALI B，RONAGH H，et al. Automated spatial design of multi-story modular buildings using a unified matrix method[J]. Automation in Construction，2017，82：31-42.

[73] SALAMA T，SALAH A，MOSELHI O，et al. Near optimum selection of module configuration for efficient modular construction[J]. Automation in Construction，2017，83：316-329.

[74] IMBABI SE. Modular breathing panels for energy efficient，healthy building construction[J]. Renewable Energy，2006，31：729-738.

[75] LU A，NGO T，GRAWFORO RH，et al. Life cycle greenhouse gas emissions and energy analysis of prefabricated reusable building modules[J]. Energy and Buildings，2012，47：159-168.

[76] FALUDI J，LEPECH MD，LDISOS G. Using life cycle assessment methods to guide architectural decision-making for sustainable prefabricated modular buildings[J]. Journal of Green Building，2012，7（3）：151-170.

[77] YAO R，STEEMERS K. A method of formulating energy load profile for domestic buildings in the UK[J]. Energy and Buildings，2005，37：663-671.

[78] VOSS K，MUSALL E，Markus Lichtmeß，From low-energy to net zero-energy buildings：Status and Perspectives[J]. Journal of Green Building，2011，6，（1）：46-57.

[79] WETTER M，HAVES P. A modular building controls virtual test bed for the intergrations of heterogeneous systems[J]. Proceedings of SimBuild，2008，3（1）：69-76.

[80] WANG W M，BEAUSOLEIL-MORRISON I. Integrated simulation through the source-code coupling of component models from a modular simulation environment into a comprehensive

building performance simulation tool[J]. Journal of Building Performance Simulation，2009，2（2）：115-126.

[81]   DAMLE RM，BARBA OL，RER GC，et al. Energy simulation of buildings with a modular object-oriented tool[C].// ISES Solar World Congress 2011. Kassel：2011，1-11.

[82]   MCGRATH PT，HORTON M. A post-occupancy evaluation（POE）study of student accommodation in an MMC/modular building[J]. Structural Survey，2011，29（3）：244-252.

[83]   OLEARCZYK J，AL-HUSSEIN M，BOUFERGUENE A，et al. Virtual Construction Automation for Modular Assembly Operations[C].//Construction Research Congress 2009.

[84]   高冀生. 中国高校校园规划的思考与再认识 [J]. 世界建筑，2004（9）：76-79.

[85]   高洪波. 综合体式大学校园设计研究 [D]. 天津：天津大学，2012.

[86]   杨溢. 城市化背景下政府对城市综合体发展的对策研究 [D]. 苏州：苏州大学，2018.

[87]   住房和城乡建设部. 民用建筑设计统一标准：GB 50352—2019[S]. 北京：中国建筑工业出版社，2019.

[88]   NASA 气象资料网站：https：//earthobservatory.nasa.gov/.

[89]   周逸湖，宋泽方. 高等学校建筑规划与环境设计 [M]. 北京：中国建筑工业出版社，1994.

[90]   罗森. 国外大学校园规划 [J]. 建筑学报，1984（4）：28-35.

[91]   周逸湖，宋泽方. 我国大学校园规划与设计若干问题的探索 [J]. 建筑学报，1985（11）：34-41.

[92]   徐卫国. 校园扩建规划几题议 [J]. 建筑学报，1989（1）：43-48.

[93]   谢照唐. 校园环境与校园规划 [J]. 建筑学报，1991（3）：13-17.

[94]   高冀生. 高校校园建设跨世纪的思考 [J]. 建筑学报，2000（6）：54-56.

[95]   中国城市科学研究会绿色建筑与节能专业委员会. 绿色校园评价标准：CSUS/GBC 04—2013[S]. 北京：中国城市科学研究会绿色建筑与节能专业委员会，2013.

[96]   中国建筑工业出版社，中国建筑学会. 建筑设计资料集（第三版）[M]. 北京：中国建筑工业出版社，2017.

[97]   侯兴华，何飞. 高校校园绿色建筑技术应用研究 [J]. 山西建筑，2016，42（24）：180-182.

[98]   江亿，彭琛，燕达. 中国建筑节能的技术路线图 [J]. 建设科技，2012（17）：12-19.

[99]   任彬彬. 寒冷地区多层办公建筑低能耗设计原型研究 [D]. 天津：天津大学，2014.

[100] 王丹，马晓滨 . 美国建筑节能对我国的启示 [J]. 黑龙江科技信息，2009（9）：240.

[101] 陈新伟 . 欧盟气候变化政策研究 [D]. 北京：外交学院，2012.

[102] 王启东 . 后《京都议定书》时代中国减排国际义务研究 [D]. 广州：暨南大学，2010.

[103] 徐伟 . 中国近零能耗建筑研究和实践 [J]. 科技导报，2017，35（10）：38–43.

[104] 谭洪卫 . 我国绿色校园的发展与思考 [J]. 世界环境，2016（5）：30–34.

[105] 赵斌 . 建设节约型示范校园的进展与探讨——以南昌大学为例 [J]. 广西城镇建设，2013（6）：118–120.

[106] 栾彩霞，祝真旭，陈淑琴，等 . 中国高等院校绿色校园建设现状及问题探讨 [J]. 环境与可持续发展，2014（6）：71–74.

[107] 王雪英，许东，吴雅君，等 . 寒冷地区被动式太阳能住宅设计策略 [J]. 辽宁工业大学学报（自然科学版），2013，33（4）：271–273.

[108] 林源 . 薄膜太阳能电池的研究与应用进展 [J]. 化工新型材料，2018，46（6）：57–60.

[109] 卢予北 . 地热井常见主要问题分析与研究 [J]. 探矿工程（岩土钻掘工程），2004（2）：43–47.

[110] 安晓静，刘伟锋 . 浅析高校扩招的利与弊 [J]. 辽宁行政学院学报，2010，12（6）：164–166.

[111] 沈建 . 创建绿色学校倡导绿色文明 [J]. 环境教育，1999（3）：9–11.

[112] 赵莹，赵学义 . 绿色大学校园设计与建设实践——以山东建筑大学新校区建设为例 [J]. 建筑技艺，2011（11）：78–81.

[113] 龙惟定 . 低碳城市的区域建筑能源规划 [M]. 北京：中国建筑工业出版社，2011.

[114] 徐珉久 .R 语言与数据分析实战 [M]. 武传海，译 . 北京：人民邮电出版社，2018.

[115] 吴志强，汪滋淞，王清勤，等 . 国家标准《绿色校园评价标准》编制情况介绍 [J]. 绿色建筑与生态城区，2016（9）：43–46.

[116] 杨保军，闵希莹 . 新版《城市规划编制办法》解析 [J]. 城市规划学刊，2006（4）：1–7.

[117] 周强，朱喜钢，李杨帆 . 城市规划中的能源研究范式新探 [J]. 华中科技大学学报（城市科学版），2005（1）：81–84，89.

[118] 孙炳彦 . 环境规划在"多规合一"中的地位和作用 [J]. 环境与可持续发展，2016，41（3）：13–17.

[119] 苏涵，陈皓 ."多规合一"的本质及其编制要点探析 [J]. 规划师，2015，31（2）：57–62.

[120] 中国城市规划学会.城乡治理与规划改革——2014中国城市规划年会论文集（07城市生态规划）[C].中国城市规划学会，2014：8.

[121] R Development Core Team. R：Alanguage and environment for statistical computing[Z]//R Foundation for Statistical Computing.Vienna，Austria，2008.ISBN3–900051–07–0. http：//www . R –pro ject. org.

[122] 拜凡德.空间数据分析与R语言实践[M].北京：清华大学出版社，2013.

[123] 童时中.模块化研究及实践的现状和发展[J].电子机械工程，2011，27（2）：1-8.

[124] 张涛，肖侠，戴华江.基于模块化的企业知识产权价值增值研究[J].财会通讯：综合（下），2010，（6）：126-128.

[125] 耿凯平，易文，徐渝.高新技术企业研发组织的模块化设计研究[J].中国人力资源开发，2009，（5）：6-9.

[126] 甘志霞，王佳宁.造船业模块化制造网络的形成机制分析[J].科技管理研究，2009，29（3）：261-263.

[127] 韩晶，佛力.基于模块化的中国制造业发展战略研究——以电子信息产业为例[J].科技进步与对策，2009，26（19）：57-61.

[128] 骆品亮，潘忠.自由软件开发的模块化理论解释与启示[J].中国工业经济，2005,（11）：75-82.

[129] 魏江，赵江琦，邓爽.基于模块化架构的金融服务创新模式研究[J].科学学研究，2009，27（11）：1720-1728.

[130] 王锦宜，王磊，叶辉.模块化设计方法在履带车辆电气系统规划设计中的应用[J].车辆与动力技术，2009（1）：54-56.

[131] Kirk Knoernschild. Java应用架构设计：模块化模式与OSGi[M].张卫滨，译.北京：机械工业出版社，2013.

[132] SCHILLIHG M A. Toward a general modular systems theory and its application to interfirm product modularity[J]. Academy of management review，2000，25（2）：312-334.

[133] 罗永昌.分级模块化结构的设计概念——用通用模块元件制造不同类型的机床[J].机床，1982（4）：12-15.

[134] 高卫国，徐燕申，陈永亮，等.广义模块化设计原理及方法[J].机械工程学报，2007（6）：48-54.

[135] 侯亮，王浩伦，穆瑞，等.模块化产品族演进创新方法研究[J].机械工程学报，2012，

48（11）：55-64.

[136] 唐涛，刘志峰，刘光复，等.绿色模块化设计方法研究 [J].机械工程学报，2003（11）：149-154.

[137] 王海军.面向大规模定制的产品模块化若干设计方法研究 [D].大连：大连理工大学，2005.

[138] 程强.面向可适应性的产品模块化设计方法与应用研究 [D].武汉：华中科技大学，2009.

[139] 童时中.模块化是复杂产品系统发展的"必由之路"——献给标准化大师李春田教授 [J].中国标准导报，2015（11）：18-23.

[140] 莱迪思半导体.莱迪思 FPGA 被谷歌 ATAP 团队应用于模块化智能手机原型机 [J].电子技术应用，2014，40（5）：2.

[141] 杨维菊，高青，万邦伟.基于模块化设计的低能耗住宅围护结构节能设计研究——以 SDC2013 参赛作品"阳光舟"为例 [J].建筑学报，2015（S1）：12-16.

[142] 任刚，赵旭东，金虹，等.太阳能建筑围护结构模块的能耗及效益分析 [J].工业建筑，2018，48（1）：212-217.

[143] 中国城市科学研究会.第十一届国际绿色建筑与建筑节能大会论文集 [C].中国城市科学研究会，2015：7.

[144] 王蔚，魏春雨，刘大为，等.集装箱建筑的模块化设计与低碳模式 [J].建筑学报，2011（S1）：130-135.

[145] 张弘，朱宁，宋晔皓，等.面向快速装配建造的模块化住宅技术体系探索——以 SDC2018 作品 The WHAO House 为例 [J].建筑学报，2018（12）：86-91.

[146] 何伟怡，方绘丽，高喜珍，等.模块化设计对绿色建筑全寿命周期成本技术采纳意愿的影响 [J].中国科技论坛，2015（2）：55-60.

[147] 童时中.模块化原理设计方法及应用 [M].北京：中国标准出版社，2000.

[148] 刘其.低碳城区综合能源规划影响因素敏感性分析研究 [D].天津：天津大学，2017.

[149] 陈旭，曾献君，程斌，等.半城市化地带乡村规划中社会调查模块的应用——以福州建平村为例 [J].福建工程学院学报，2018，16（5）：433-440.

[150] 罗艺娜.基于 PHP 的校园电能监测平台研究与数据预测 [D].上海：东华大学，2017.

[151] 丁超.模块化理论视野下的智慧校园建设 [J].亚太教育，2016（36）：196.

[152] 龙惟定，刘魁星.城区需求侧能源规划中的几个关键问题 [J].暖通空调，2017，47（4）：

2-9，77.

[153] 谢骆乐 . 基于模块化设计理论的区域能源规划模型研究 [D]. 重庆：重庆大学，2013.

[154] 陈如明 . 大数据时代的挑战、价值与应对策略 [J]. 移动通信，2012，（17）：14-15.

[155] DAHMUS JB，GONZALEZ-ZUGASTI JP，OTTO KN. Modular product architecture[J].
Design studies，2001，22（5）：409-424.

[156] 许蓁 . 城市社区环境下的大学结构演变与规划方法研究 [D]. 天津：天津大学，2006.

[157] 邓晓红 . 教育建筑综合体——新世纪高校教学楼建筑发展趋势 [J]. 新建筑，2003（S1）：
18-19.

[158] 中国公路学会 . 交通工程手册 [M]. 北京：人民交通出版社，1998.

[159] 中国城市规划设计研究院 . 城市居住区规划设计标准：GB 50180—2018[S]. 北京：中国
建筑工业出版社，2018.

[160] 汉能集团 . 汉能光伏宣传手册 [Z]. 汉能集团内部资料，2018.

[161] 中国电力企业联合会 . 光伏发电站设计规范：GB 50797—2012[S]. 北京：中国计划出版
社，2012.

[162] 徐伟 . 地源热泵技术手册 [M]. 北京：中国建筑工业出版社，2011.

[163] 中国建筑科学研究院 . 民用建筑供暖通风与空气调节设计规范：GB 50736—2012[S].
北京：中国建筑工业出版社，2012.

[164] BIALOUS S A，GLANTZ S A. ASHRAE Standard 62：tobacco industry's influence over
national ventilation standards [J]. Tobacco Control，2002，11（4）：315-328.

[165] 陆亚俊，马最良，邹平华 . 暖通空调（第二版）[M]. 北京：中国建筑工业出版社，
2007.

[166] 中国建筑科学研究院 . 公共建筑节能设计标准：GB 50189—2015[S]. 北京：中国建筑工
业出版社，2015.

[167] 秦冰月，潘毅群，于利丽 . 探究夏热冬冷地区办公建筑面积对单位建筑面积能耗（EUI）
的影响 [J]. 建筑节能，2017（2）：120-124.

[168] HIRST E，MARLAY R，GREEN D，et al. Recent changes in U.S. energy consumption：
What Happened and Why[J]. Annual Review of Energy，1983，8（1）：193-245.

[169] HUANG Y，WANG Y D，RE ZVANI S，et al. A techno-economic assessment of biomass
fuelled trigeneration system integrated with organic Rankine cycle[J]. Applied Thermal
Engineering，2013，53（2）：325-331.

[170] PAN Y，YIN R X，HUANG Z Z. Energy modeling of two office buildings with data center for green building design[J]. Steel Construction，2008，40（7）：1145–1152.

[171] MALYS L，MUSY M，INARD C. Microclimate and building energy consumption：study of different coupling methods[J]. Advances in Building Energy Research，2015，9（2）：151–174.

[172] 刘海静，潘毅群. 区域建筑群负荷预测及其平准化分析 [J]. 暖通空调，2017，47（4）：14.

[173] 高力强，夏晶晶，梁亮，等. 从文化走向气候：全天候养老建筑模式研究 [J]. 建筑学报，2018（S1）：61–64.

[174] 赵万民. 山地大学校园规划理论与方法 [M]. 武汉：华中科技大学出版社，2007.